Sinnespfade zur basalen Förderung

Pubertät & Sexualität

Differenzierbare Unterrichtsideen
für Schüler*innen
mit intensivem Förderbedarf

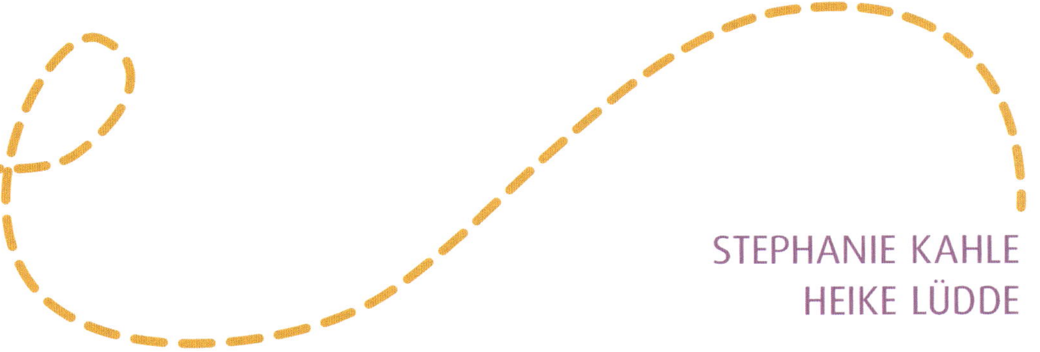

STEPHANIE KAHLE
HEIKE LÜDDE

Verlag an der Ruhr

Impressum

Titel
Sonderpädagogische Förderung – Geistige Entwicklung:
Sinnespfade zur basalen Förderung: Pubertät und Sexualität
*Differenzierbare Unterrichtsideen für Schüler*innen mit intensivem Förderbedarf*

Autorinnen
Stephanie Kahle, Heike Lüdde

Umschlagfotos und Fotos im Innenteil
Stephanie Kahle, Heike Lüdde

Umschlagillustrationen
Alle Shutterstock.com: Gruppe in Unterwäsche © Marina Besfamilnaia, Gruppe von vorne © Editable line icons, Gruppe von hinten © StockSmartStart, Person im Halbkreis © Stranger Man, Kondom © BeataGFX

Sensitivity Reading
F. Ahlers

Druck
Athesia Druck GmbH, Bozen, IT

Geeignet für die Klassen 4–12

ISBN 978-3-8346-6273-6

Inhalt

Didaktisch-methodische Anmerkungen

Mit den hier vorliegenden Sinnespfaden können Sie **sachbezogene Bildungsbereiche rund um die Pubertät, Sexualität und Förderung von Ich-Stärke** in heterogenen Lerngruppen für nicht schriftlesende junge Menschen umsetzen.

In dem Band finden Sie insgesamt **fünf Praxiseinheiten, die den Reifungsprozess von Jugendlichen begleiten.** Gegenseitige Achtung voraussetzend, lernen die Schüler*innen[1] zunächst, Veränderungen in der Pubertät zu verstehen und anzunehmen. Daran anschließend, werden Lernaktivitäten zu den Themen „Freundschaft", „(Selbst-)Liebe" und „Diversität" gestaltet. Es folgen Arbeitshilfen zu den Themen „Körperhygiene", „Styling" und „Geschlechtsverkehr" sowie „Verhütung" und „Prävention sexueller Gewalt".
Der Band ersetzt hierbei keine Sequenzplanung, sondern versteht sich als **strukturierte Ideensammlung und Planungshilfe** mit einem Schwerpunkt auf der Ebene des Gegenstand- und Bildlesens.
Gemeinsam mit dem Band **„Sinnespfade zur basalen Förderung. Mein Körper und ich. Differenzierbare Unterrichtsideen für Schüler*innen mit intensivem Förderbedarf"** (ISBN 978-3-8346-6282-8) bietet er **Praxisbeispiele, um die Heranwachsenden sexualpädagogisch zu begleiten.** Mit Blick auf die Lerngruppe können die in diesem Buch vorgestellten Unterrichtsideen durch andere Materialien oder auch Themen ergänzt werden, um die Komplexität der Sexualkunde abzudecken.

Sinnespfade

Die sogenannten „Sinnespfade" **visualisieren Lernwege** und beinhalten **individualisierbare Angebote** innerhalb eines thematischen Kontextes. Ziel ist dabei, genau zu beobachten, welches Lernangebot welche Reaktion beim Gegenüber hervorruft und so zum individuellen Lernen im Miteinander beiträgt.

Die Sinnespfade wurden ursprünglich für Lernende mit intensiverem Förderbedarf im Sinne einer komplexen *„[...] Beeinträchtigung des ganzen Menschen in allen seinen Erlebnis- und Ausdrucksmöglichkeiten."*[2] konzipiert und erschienen erstmals als Band mit dem Titel **„Sinnespfade zur basalen Förderung. Ganzheitliches Lernen in Projekten für Schüler*innen mit intensivem Förderbedarf"** (Verlag an der Ruhr, 2022).
In dem folgenden Buch wurden sie erweitert.
Der Fokus liegt hierbei auf:

- Situations- und Gegenstandlesen
- Bildlesen
- Einfacher Sprache

Am Anfang jedes der fünf Sinnespfade finden Sie zunächst **ein Übersichtsblatt des jeweiligen Lernweges als Kopiervorlage** (z. B. S. 9), welches das Unterrichtsthema und die Aktivitäten aufführt und so für individuelle Absprachen im Klassenteam genutzt werden kann.
Dem Übersichtsblatt folgen Erläuterungen und Hinweise zur **Umsetzung** sowie **Differenzierungsmöglichkeiten**.
Dabei werden komplexe Sachverhalte **didaktisch reduziert** und Vorschläge für mündliche Erklärungen der Lehrkraft in Einfacher Sprache gegeben. Diese sind kursiv gedruckt.
Zum Schluss jedes Sinnespfades finden Sie **Arbeitsblätter und Materialvorlagen**.

Bei der Konzeption haben wir auf Möglichkeiten der **Schaffung gemeinsamer Lernsituationen** geachtet.
Wichtig ist uns **das Lernen im Miteinander, der Einbezug verschiedener Sinne** und **das Interesse am Lerngegenstand**. So individuell die jungen Menschen, so flexibel sollte auch der Materialeinsatz erfolgen. Natürlich kann jeder Sinnespfad in der vorgegebenen Abfolge durchgeführt werden. Jedoch kann man – wie bei einem schönen Spazierweg auch – bei interessanten Dingen zurückschauen, sich Informationen durch andere Materialien einholen oder einen Abschnitt später noch einmal durchlaufen.
Wie auch immer am Ende des Weges die individuellen Fußspuren hinterlassen worden sind - die Lernenden haben sich mit dem Sachthema auf unterschiedliche Art und Weise mehrsinnlich auseinandergesetzt.

---

1 Der Verlag an der Ruhr legt großen Wert auf eine geschlechtergerechte und inklusive Sprache. Daher nutzen wir das Gendersternchen, um sowohl männliche und weibliche als auch nichtbinäre Geschlechtsidentitäten einzuschließen. Alternativ verwenden wir neutrale Formulierungen. In Texten für Schüler*innen finden sich aus didaktischen Gründen neutrale Begriffe bzw. Doppelformen.

2 *vgl. Fröhlich, Andreas:* Basale Stimulation, 7. Auflage. Verlag selbstbestimmtes Lernen: Düsseldorf, 1991, S. 11.

Erweiterter Lesebegriff und Einfache Sprache

Aufgrund der Heterogenität im Förderschwerpunkt Geistige Entwicklung sind **unterschiedliche Zugriffsweisen auf Unterrichtsinhalte** unabdingbar. Dem Bereich Lesen liegt dabei ein Erweiterter Lesebegriff nach Hublow (1985) zugrunde. Lesen impliziert folglich mehr als die Deutung von Schriftzeichen. Menschen lesen demnach auch Situationen sowie bild- und symbolhafte Zeichen, sodass sich, verkürzt zusammenfassend, drei Lesearten herausstellen lassen:

- Bei der ersten Leseart des Situationslesens werden Personen, Tiere und Realgegenstände im Umfeldgeschehen wahrgenommen, in Beziehung gebracht und ihr Sinn wird gedeutet.
- Beim Bildlesen als zweite Leseart werden Abbildungen von Personen, Tieren, Gegenständen und Situationen verschiedener Abstraktionsgrade als Abbilder der Wirklichkeit erkannt und gedeutet.
- Das Schriftlesen als dritte Leseart befähigt zu Leseerfahrungen mit Schriftzeichen und baut Lesefertigkeiten auf Silben-, Wort-, Satz- und Textebene auf.[3]

Im Sinne einer Einfachen Sprache werden im vorliegenden Band schriftliche und mündliche Erklärungen für die Schüler*innen in Satzkomplexität und Wortschatz didaktisch reduziert.

Leitgedanken

Grundlegend für ein **positiv besetztes Gefühlserleben** innerhalb der Arbeit mit den Sinnespfaden ist eine **wertschätzende pädagogische Haltung mit geduldiger und respektvoller Zuwendung.** Als Voraussetzung gilt das Recht eines jeden Menschen, auf seine Weise zu lernen, wodurch sich für uns Lehrkräfte der Grundsatz ergibt, ihm **individuelle Lernwege** zu ermöglichen, **Zutrauen zu vermitteln und kommunikative Kompetenzen** (u. a. Maßnahmen im Bereich Unterstützte Kommunikation) zu fördern. Im Bereich der Sexualkunde erfordert das nicht selten ein empathisches Herantasten.
Erziehungsberechtigte haben ein Informationsrecht und sind in vertrauensvoller Zusammenarbeit wesentliche Partner*innen der Schule. Darüber hinaus können externe Partner*innen (z. B. Beratungsstellen, Anbieter*innen von Selbstverteidigungskursen, Arztpraxen ...) einbezogen werden.
Die sensible sexuelle Aufklärung verlangt von allen Bezugspersonen eine andauernde **Reflexion eigener Normvorstellungen, Rollenzuschreibungen und des Nähe-Distanz-Verhältnisses.**
Offenheit, Authentizität und Wertschätzung stärken eine höchstmöglich autonomiegeleitete Handlungsfähigkeit der Heranwachsenden.

Sexualpädagogischer Ausgangspunkt

Ein elementarer Bestandteil des menschlichen Selbstbestimmungsrechts ist die Sexualität, welche sich auf alle Lebensphasen erstreckt. Dabei gilt es nicht, zu fragen, ob eine eigenständige Sexualität möglich ist, sondern vielmehr, wie diese mit Blick auf Privatsphäre, Zugänglichkeit und Menschenwürde gestaltet werden kann. Partizipation, Gleichstellung und Selbstbestimmung sind als Leitperspektiven auch in der UN-Behindertenkonvention formuliert. Der Artikel 23 UN-BRK beschreibt das Recht auf freie und verantwortungsbewusste Entscheidung hinsichtlich Partnerschaft, Ehe und Anzahl der Kinder. Die Verfügbarkeit von Aufklärungsmitteln wird als essenziell herausgestellt.
Sexualität zeigt sich individuell und facettenreich und darf unter Berücksichtigung von Persönlichkeitsrechten und Gesetzen verwirklicht werden.
Sporken (1974) definiert Sexualität als die Möglichkeit zur Selbstverwirklichung und als Ausdruck von Kontakt, Beziehung sowie Liebe.
Nach seinem Dreistufenschema umfasst sie

- die Gestaltung von Beziehungen und menschliche Verhaltensweisen,
- Gefühlsregungen, Freundschaft, Liebe sowie das Gefühl von Nähe und Distanz,
- körperliche Lust und Genitalsexualität.

Sexualunterricht sollte sich demnach nicht ausschließlich mit dem Fruchtbarkeits- und Lustaspekt, sondern auch

[3] *vgl. Hublow, Christoph: Lebensbezogenes Lesenlernen bei geistig behinderten Schülern. Geistige Behinderung, 24/2, Praxisteil. 1985, S. 2 ff.*

mit **dem Identitäts- und Beziehungsaspekt** auseinandersetzen.[4] Dies impliziert die Thematisierung von Gefühlen und der Vielfalt zwischenmenschlicher Beziehungen sowie eine Förderung der Körperwahrnehmung. Über sensomotorische Handlungen werden unter Einbezug der Nah- und Fernsinne identitätsfördernde Erfahrungen gemacht. Durch das Zusammenwirken der Sinnesorgane erlebt sich ein Mensch dann nicht nur als eigene Person, sondern auch in **Interaktion mit seiner Umwelt und in Abgrenzung zu anderen Menschen.** Mit zunehmend operationalem Denken ist eine voranschreitende Entwicklung von Einfühlungsvermögen sowie einer sexuellen Identität und die Übernahme einer Geschlechtsrolle anzunehmen. Dies geht überein mit den Beobachtungen von Walter und Hoyler-Herrmann (1987), gemäß denen die körperliche Reifung bei Menschen mit kognitiver Beeinträchtigung in der Regel ohne nennenswerte Abweichung zum üblichen Schema verläuft. Besonderheiten ergeben sich vielmehr im Hilfebedarf, welcher eine geduldige Begleitung im Bereich der Persönlichkeitsentwicklung impliziert. Elementar ist der Aufbau eines ausgeprägten Körperbewusstseins durch die eingehende Auseinandersetzung mit sich selbst, seiner Persönlichkeit, dem eigenen Körper und der Entwicklung einer Abgrenzung zu Mitmenschen.[5]

Die Bundeszentrale für gesundheitliche Aufklärung beschreibt die psychosexuelle Entwicklung als individuell, auf allen Sinnen basierend und eng an verschiedenste Erfahrungen geknüpft. Von Geburt an prägen Zärtlichkeit, Verlässlichkeit, ein Sicherheitsgefühl und entgegengebrachte Aufmerksamkeit. Die Welt wird entdeckt und Bezugspersonen werden beispielsweise am Geruch erkannt. Etwa im dritten Lebensmonat lächeln Babys bewusst und erweitern so ihr Repertoire zur Kontaktaufnahme. Im Laufe der körperlichen Entwicklung wird der Aktionsradius erweitert. Mit dem Mund wird oral erkundet und intensive Körpererfahrungen werden gesammelt. Bereits im Mutterleib konnten erste körperliche Reaktionen, speziell Erektionen bei biologisch männlichen Kindern, nachgewiesen werden. Etwa im zweiten Lebensjahr beginnen Kinder, Geschlechter zu unterscheiden. Das Interesse steigt und Fragen in der Auseinandersetzung mit dem Geschlecht häufen sich. Wichtig ist es nun, Begriffe für Ausscheidungsprozesse und Genitalien einzuführen, um eine Abgrenzung zu anderen Körperteilen und eine Benennfähigkeit zu schaffen. Das Kleinkindalter ist geprägt von der Lust am Ausprobieren, der Entdeckung des eigenen Willens, der Erlangung einer willentlichen Kontrolle über körperliche Ausscheidungen und dem Ausdruck vieler Gefühle wie auch Zuneigung. Mit etwa vier Jahren spielen die Kinder gerne Rollenspiele und orientieren sich dabei an Klischees. Sie beobachten genau, wie Erwachsene miteinander umgehen. Dies impliziert die gegenseitige Achtung von Grenzen. Kindliche Neugier regt auch zu unbedarften Erkundungsspielen mit Gleichaltrigen, zu sogenannten „Doktorspielen" an. Diese Körpererkundungen werden auch noch im Grundschulalter beobachtet und gehen einher mit einer zunehmenden Einfindung in Geschlechterrollen. Abhängig vom kulturellen Umfeld und vorgelebten Grenzen entwickelt sich das Schamgefühl. Nach und nach wird im Schulalter auch der Zusammenhang zwischen Zeugung und Schwangerschaft sowie zwischen Lust und Sexualität verstanden, sofern dies von Erwachsenen ausgesprochen wird. Ab etwa zehn Jahren treten erste Anzeichen der Geschlechtsreife auf und Themen zur Körperhygiene sollten verstärkt thematisiert werden. Höchst individuell gehört die Selbststimulation zu den ersten sexuellen Sinneserfahrungen. Hormonelle Stimmungsschwankungen, Momente des Flirtens und sexuelles Begehren treten i. d. R. vermehrt auf. Im Laufe der pubertären Entwicklung grenzen sich die Heranwachsenden von erwachsenen Bezugspersonen ab und die Meinung von Gleichaltrigen gewinnt an Bedeutung. Es findet zumeist eine eindeutige Ausprägung der sexuellen Orientierung statt und die sexuelle Identität festigt sich. Im Alter von 17 Jahren haben mehr als die Hälfte der Jugendlichen Erfahrungen mit Geschlechtsverkehr gesammelt. (vgl. Bundeszentrale für gesundheitliche Aufklärung (BZgA).[6]

Die in diesem Buch vorliegenden differenzierbaren Unterrichtsideen dienen als Anregung für individuell abgestimmte, sexualpädagogische Planungen und sind

---

4 *vgl. Sporken, Paul:* Geistig Behinderte, Erotik und Sexualität. Patmos Verlag: Düsseldorf, 1974, S. 159 f.

5 *vgl. Walter, Joachim/Hoyler-Herrmann, Annerose:* Erwachsensein und Sexualität in der Lebenswirklichkeit geistig behinderter Menschen. Schindele: Heidelberg, 1987, S. 118.

6 online abgerufen am 1.4.2024: www.shop.bzga.de (Artikelnummern 13660300 und 13660400)

als Ergänzung zur **gesamtsexualpädagogischen Begleitung** zu sehen.

Hierbei sind wichtige übergeordnete Ziele:

- Erfassen der pubertären Umstrukturierungsprozesse auf emotionaler und körperlicher Ebene
- Förderung von Empathie, Kommunikationskompetenz und Selbsteinschätzung
- Vermittlung sozialer Normen und sexueller Verhaltensregeln, damit Erlangung eines höheren Maßes an sozialer Integration
- Persönlichkeitsentwicklung und Finden einer individuell passenden Sexualität
- Prävention sexualisierter Gewalt

Die jugendliche Sexualentwicklung kann von der eigenen kognitiven (und körperlichen) Beeinträchtigung beeinflusst sein. Viele junge Menschen haben den Wunsch nach lustvollem Umgang mit dem eigenen Körper, Intimität, Liebe und partnerbezogener Körperlichkeit. Dem gegenüber stehen die Erfahrungen der Grenzen der eigenen Körperlichkeit, die Sichtweisen der unmittelbaren Bezugspersonen, gesellschaftliche Erwartungshaltungen, eingeschränkte Möglichkeiten zur Aufarbeitung pubertärer Konflikte und nicht zuletzt Idealbilder aus sozialen Medien.

Das nachfolgende Material unterstützt Sie bei der sexualpädagogischen Bildung, deren Ziel die höchstmöglich selbstbestimmte Sexualität ist. Durch **anschauliche Vermittlung und produktorientiertes Arbeiten** werden die Jugendlichen befähigt, sich mit den körperlichen Veränderungen auseinanderzusetzen und zu einer **individuellen Sexualität** zu finden.
Ausgangspunkt sind dabei die individuellen Möglichkeiten der Jugendlichen, die eine Anpassung und Ausdifferenzierung der praktischen Unterrichtsideen notwendig machen. Zu Beginn werden Regeln für einen wertschätzenden Umgang besprochen, die zur Visualisierung im Klassenraum auf drei Symbolbilder reduziert wurden (siehe S. 8) und ihren Beitrag für eine interaktiv-kommunikative Sexualkunde im sensiblen Miteinander leisten.

Diversität

Die vorliegenden Inhalte sind an die Bedürfnisse und Erfahrungswelten der Schüler*innen angepasst, sodass sie an einigen Stellen der Vielfältigkeit in unserer Gesellschaft nicht ganz Rechnung tragen können. In vielen Bereichen war eine Abwägung zwischen einer differenzierten Darstellung und didaktischer Reduktion nötig. Ganz konkret betrifft dies den Aspekt der Geschlechtervielfalt. Wir beschränken uns in den Materialien, die sich an Schüler*innen richten, auf die Darstellung der binären Geschlechter „Mann/Junge", „Frau/Mädchen". In den Texten für die Lehrenden nutzen wir dagegen die Begriffe „biologisch männlich" und „biologisch weiblich".

Bildungs- und Erziehungspartnerschaft

Erziehungsberechtigte und Schule haben einen Erziehungsauftrag. Zusammen mit den Lehrplänen ergibt sich die Behandlung sexualpädagogischer Themen im Unterricht, über die die Bezugspersonen zu informieren sind. Dabei sollte der Inhalt, wesentliche Unterrichtsmaterialien, respektvolle Sprache mit verwendeten Begrifflichkeiten und andere Planungselemente den Erziehungsberechtigten transparent gemacht werden. Eine Informationsstunde im Kreis der Elternschaft unterstützt den Austausch. Eltern werden bestärkt, in häuslicher Atmosphäre mit den Heranwachsenden in das Gespräch zu kommen, und sind auf eventuelle Fragen vorbereitet. Förderbedarfe der Lernenden sind zu berücksichtigen und das Spannungsfeld von Orientierungshilfe sowie Bevormundung zu reflektieren. Dabei kann Informationsmaterial ausgegeben werden (u. a. die Elternratgeber „Über Sexualität reden" der Bundeszentrale für gesundheitliche Aufklärung, Broschüren vom Bundesverband profamilia e. V., Beratungsstellenangebote der Bundesvereinigung Lebenshilfe e. V., einschließlich Informationsstellen zur Sexualbegleitung und gegen sexualisierte Gewalt).

Tafelmaterial „Werte für die Sexualkunde“

Hinweis: Karten ggf. auf DIN-A3-Format (141 %) vergrößert kopieren

WERTE für die SEXUALKUNDE

Ich erzähle nur etwas,
wenn ich das auch möchte.

Was ich erzähle,
erzählen andere nicht weiter.

Ich nehme das Thema ernst
und nutze Fachwörter.

Keine Frage ist peinlich.

Ich bin respektvoll und lache
niemanden aus.

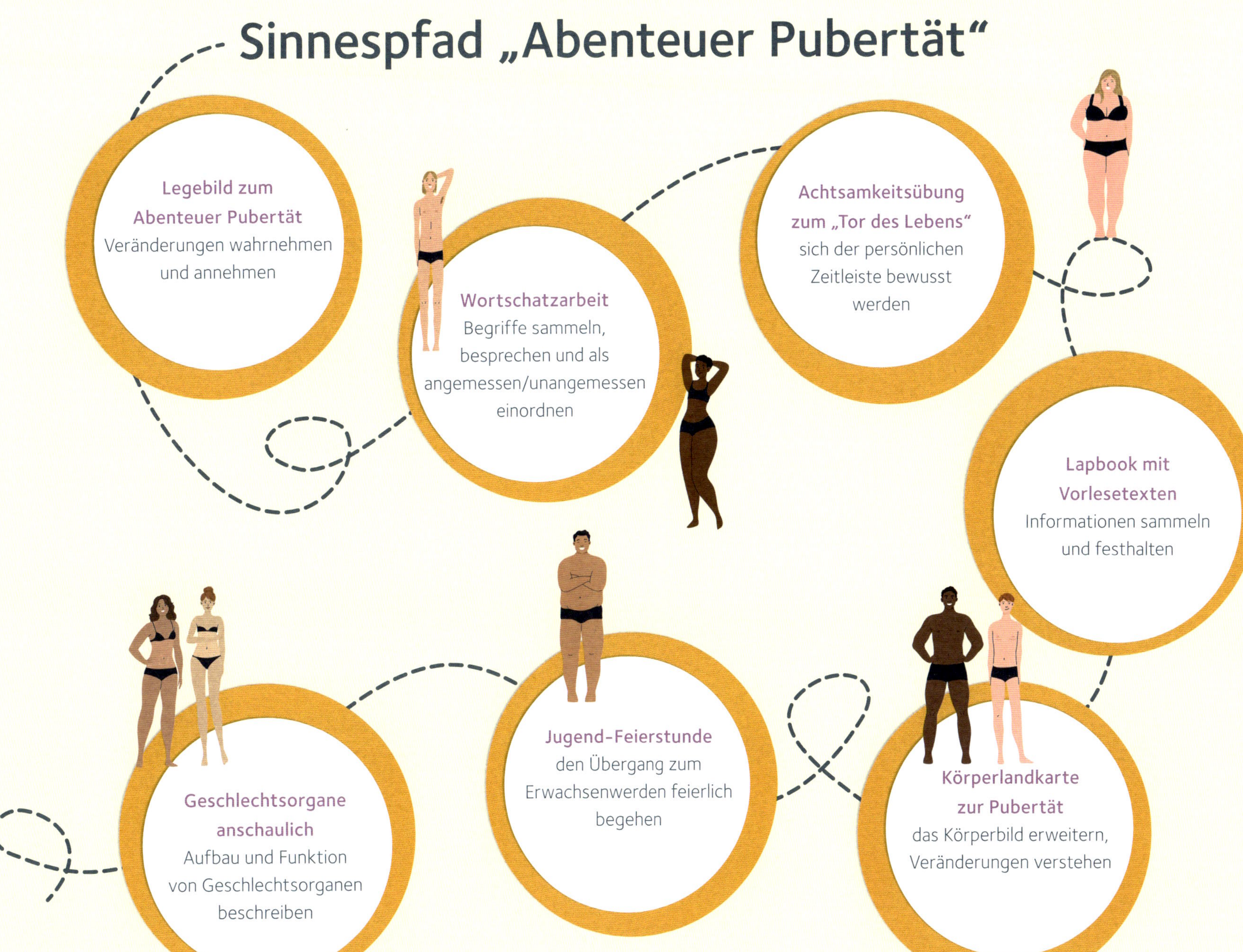
Sinnespfad „Abenteuer Pubertät“
Legebild zum Abenteuer Pubertät
Veränderungen wahrnehmen und annehmen
Wortschatzarbeit
Begriffe sammeln, besprechen und als angemessen/unangemessen einordnen
Achtsamkeitsübung zum „Tor des Lebens“
sich der persönlichen Zeitleiste bewusst werden
Lapbook mit Vorlesetexten
Informationen sammeln und festhalten
Körperlandkarte zur Pubertät
das Körperbild erweitern, Veränderungen verstehen
Jugend-Feierstunde
den Übergang zum Erwachsenwerden feierlich begehen
Geschlechtsorgane anschaulich
Aufbau und Funktion von Geschlechtsorganen beschreiben

Sinnespfad „Abenteuer Pubertät"

„Alle Menschen durchlaufen die Pubertät. Das ist die Zeit, in der ihr euch von Kindern zu Erwachsenen entwickelt.
Euer Körper verändert sich. Wahrscheinlich möchtet ihr jetzt mehr allein machen oder das Lieblings-Shirt passt nicht mehr, weil ihr schnell gewachsen seid. Die ersten längeren Haare unter den Armen habt ihr vielleicht auch schon entdeckt.
Das alles passiert in der Pubertät – in der Zeit, in der ihr erwachsen werdet.
Oft ist das gar nicht so einfach, weil sich so viel verändert und ihr euch die Frage stellt: Wer bin ich eigentlich? Manchmal ist das alles verwirrend. Man bekommt deshalb schlechte Laune und streitet sich mit den Erwachsenen.
Ihr müsst wissen: Das ist okay! Ihr seid okay, so wie ihr seid! Eure Gefühle fahren manchmal Achterbahn, weil auch im Gehirn etwas durcheinandergerät. Wir werden über die Veränderungen in euren Körpern sprechen, damit ihr sie besser versteht."

In den folgenden Kapiteln wird der Begriff „Intimbereich" für die äußeren Geschlechtsorgane genutzt. Über die Intimzone zu reden, ist wichtig – ganz ohne Scham.
In der körperwahrnehmungsbezogenen Arbeit gilt es, sensibel auf Reaktionen der Lernenden zu reagieren und so Grenzen sowie Wünsche zu erkennen. Auf der Grundlage wertschätzender Rückmeldungen von Mitmenschen können Schüler*innen mit dem nachfolgenden Sinnespfad:

- Veränderungen wahrnehmen und das Körperbild erweitern.
- sich der persönlichen Zeitleiste bewusst werden.
- Möglichkeiten zum verantwortungsvollen Umgang mit dem eigenen Körper kennenlernen.
- Aufbau und Funktion von Geschlechtsorganen im Ansatz beschreiben.

Legebild zum Abenteuer Pubertät

Material

- ✔ Vorlesetext „Abenteuer Pubertät" (siehe S. 16/17)
- ✔ 2 Körperumrisse (biologisch weiblicher und biologisch männlicher Körper) auf Tapetenbahnen oder weißen Laken
- ✔ Kopiervorlage „Pubertät" (siehe S. 18/19), ggf. vergrößert kopiert
- ✔ duftende Blüte/Blume
- ✔ Dot-Marker (rot, grün), alternativ Klebepunkte
- ✔ Sport-Shirt, Shampooflasche, Handspiegel, Smileys (lachend, traurig)

Umsetzung

Bereiten Sie zwei Körperumrisse auf Tapetenbahnen oder weißen Bettlaken vor. Alternativ können Sie die Körperumrisse der Kopiervorlage „Körperliche Entwicklung" von S. 20 (auf DIN-A3-Format vergrößert kopiert) nutzen. Passend zu der Größe der Körperumrisse, legen Sie Abbildungen von zwei Gehirnen, den Geschlechtsorganen und den Smileys bereit (vgl. S. 18/19).

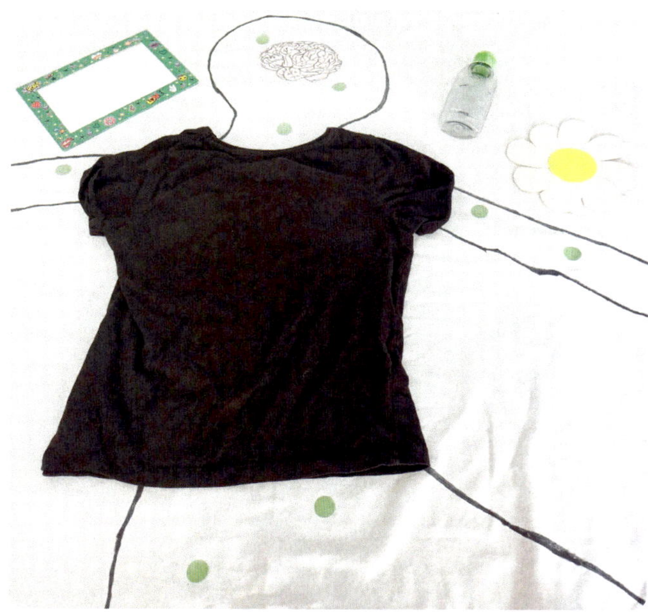

Lesen Sie den Text von S. 16/17 vor und führen Sie an entsprechend markierter Stelle die Aktionen aus. Agieren Sie lerngruppenangepasst und unterbrechen Sie den Vorlesetext bei Rückfragen und Redebedarf der Schüler*innen.

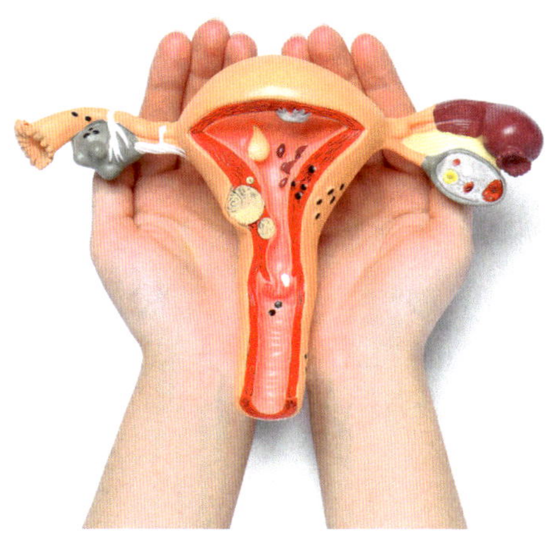

Weiterführende Ideen

Nutzen Sie deutschsprachige Liedtexte als Gesprächsanlässe. Die Lernenden gestalten dazu eigenkreativ Collagen.

TIPP:
deutschsprachige Liedtexte zu den Themen des Erwachsenwerdens:

- ✔ „Happy End“ aus dem Film „Bibi und Tina 3“
- ✔ „Schrei“ von der Band „Tokio Hotel“ (zum Thema „Identitätsfindung“)
- ✔ „Alles wird sich ändern, wenn wir groß sind“ von der Band „Echt“

Wortschatzarbeit

Material

- ✔ Tafel, ggf. zur Veranschaulichung ein Torso, ein Becken- und ein Penismodell
- ✔ optional Kopiervorlage „Körperliche Entwicklung“ (siehe S. 20)

Umsetzung

Erstellen Sie an der Tafel eine Wortsammlung mit den Antworten der Lernenden auf die Frage „Was passiert in der Pubertät?“. Dazu können Sie die Tafel farbig in zwei Bereiche mit den Überschriften „Gefühle“ und „körperliche Veränderungen“ unterteilen. Notieren und visualisieren Sie die Antworten der Schüler*innen (Anregungen dazu finden Sie im Unterpunkt „Körperlandkarte“ siehe S. 13). Möglicherweise werden in dem Zuge Albernheiten auftreten oder unangemessene Wörter fallen. Dies kann Anlass sein, um die „Werte für die Sexualkunde“ zu wiederholen (siehe S. 8) und einen empathischen Umgang miteinander zu thematisieren. Legen Sie Begriffe und Bezeichnungen fest, die sachlich korrekt und im gemeinsamen Unterrichtsgespräch angemessen sind (z. B. Nutzung des Begriffs „Penis“ statt der Verniedlichung „Pullermann“). Weiterhin bietet es sich an, mit den Jugendlichen ihre Wünsche an die Erwachsenen für den Umgang in der Pubertät zu besprechen (z. B. in Ruhe gelassen werden).

Weiterführende Ideen

Aufgrund gesellschaftlicher Normen entwickeln sich Strategien, um eine Kategorisierung in Frau und Mann vorzunehmen. So können Abbildungen oder Wortkarten (z. B. Achselhaare, Brustwarzen, Hoden ...) gezeigt und zu den drei Kategorien „die meisten Frauen“, „die meisten Männer“ und „gemeinsam“ zugeordnet werden. Dabei wird wertschätzend über Selbstbestimmung und geschlechtliche Vielfalt gesprochen (siehe Kap. 2).

TIPP:
kostenfreies Unterrichtsmaterial[7]
(Vorführrechte beachten)

- ✔ *Johnson & Johnson GmbH (www.aufklaerungsstunde.de):* Schulpakete mit Monatshygieneartikeln, Beckenmodell und Broschüren
- ✔ *erdbeerwoche GmbH (www.erdbeerwoche.com):* „ready-for-red-Box“ mit Monatshygieneartikeln, einschließlich Menstruationstasse und Periodenunterwäsche
- ✔ *Ritex GmbH (www.ritex.de):* Schulbox mit Penisholzmodell, Kondomen und Materialien im Downloadbereich
- ✔ *Planet Schule bzw. WDR-Mediathek:* Lehrvideos der Reihe „Du bist doch kein Werwolf“
- ✔ *ZDF-Mediathek:* „Terra X“-Erklärvideos zur Anatomie von Vulva, Vagina, Klitoris und Penis

[7] *Stand Juli 2023*

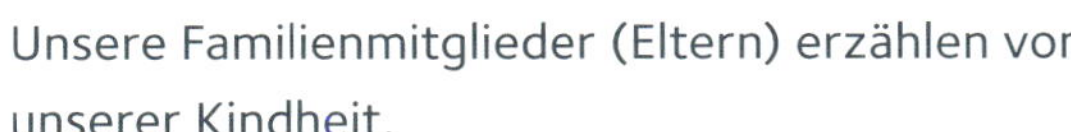

Achtsamkeitsübung „Tor des Lebens“

Material

- ✔ Rosenbogen, alternativ Türrahmen
- ✔ Fotos der Schüler*innen vom Babyalter bis zur Gegenwart
- ✔ „Alterungs-App“, die das Gesicht altern lässt, alternativ eigene Zeichnungen des Zukunfts-Ich
- ✔ Text zur Achtsamkeitsübung (siehe unten)

Umsetzung

Die Lernenden kleben Fotos von sich (beginnend beim Babyalter) an einen Rosenbogen oder Türrahmen. Mithilfe einer App („Alterungs-App“) kann auch ein Zukunfts-Ich erstellt werden (Achtung! Foto-Erlaubnis der Erziehungsberechtigten beachten!).
Die Heranwachsenden schreiten sinnbildlich durch das Tor des Lebens und reflektieren, wie sie sich verändert und was sie bisher erreicht haben. Nutzen Sie ggf. den unten stehenden Text für diese Achtsamkeitsübung. Besprechen Sie die Zukunftswünsche der Jugendlichen.
Abschließend werden die Lernenden unter dem Bogen fotografiert. Die Fotos können später für ein Schülerportfolio genutzt werden.

Achtsamkeitsübung:
„Tor des Lebens“

„Unser Leben ist wie ein Weg.

Manchmal können wir geradeaus gehen, manchmal verlaufen wir uns und müssen andere Wege suchen. Manchmal liegt auch ein hoher Berg vor uns. Wenn wir es geschafft haben, ihn zu besteigen, können wir besonders stolz sein.

An den Anfang unseres Lebens erinnern wir uns kaum. Wir waren ganz klein. Es gibt aber Fotos, die wir uns ansehen können.

Unsere Familienmitglieder (Eltern) erzählen von unserer Kindheit.

Dann sind wir ziemlich schnell gewachsen. Shirts und Hosen wurden immer kleiner. In die Kleidung von früher passen wir nun nicht mehr rein.

Wir entdeckten immer mehr von der Welt und lernten viel. Das Lernen hört aber nie auf. Es gibt so viel zu entdecken.

Unser Körper verändert sich. Auch das, was wir toll finden, ist anders als früher. Als wir klein waren, haben wir gerne Kinderlieder gehört. Nun finden wir ... toll.

Wir alle gehen den Lebensweg voran, der sich verändert. Was wohl alles noch vor uns liegt?“

Weiterführende Ideen

Die Schüler*innen erkennen Veränderungen, die im Laufe ihres Lebens stattgefunden haben:

- Fotos angeln und den Entwicklungsstufen zuordnen (Baby, Kind, Jugend ...)
- Fotos mischen und in der richtigen Entwicklungsabfolge an eine Zeitleiste legen
- Baby- und Kleinkindfotos von Mitschüler*innen erraten

Lapbook mit Vorlesetext

(Vertrauensgruppe)

Material

- ✔ Vorlesetexte zum Lapbook (siehe S. 21/22), optional zum blau markierten Text passende Utensilien/Modelle
- ✔ Lapbook-Vorlagen (siehe S. 23–26)
- ✔ Aktendeckel, alternativ Tonpapier im DIN-A3-Format (mittig gefaltet)
- ✔ Mal- und Schreibutensilien, Schere, Kleber, Musterbeutelklammern
- ✔ Schablone aus Pappe (9 x 9 cm)
- ✔ je Lapbook mindestens 2 grüne Tonpapierkärtchen (9 x 9 cm)

- ✔ Internetrecherchemöglichkeit, Modekatalog oder Fotokamera
- ✔ Visitenkarten, alternativ Internetausdrucke von ortsansässigen Gynäkolog*innen, Urolog*innen, Beratungsstellen sowie Hilfsangeboten (z. B. Hilfstelefon siehe S. 65, 72)

Umsetzung

Lesen Sie die Texte (siehe S. 21–22) langsam vor. Lassen Sie Zeit für Unterrichtsgespräche und erörtern Sie ggf. blau markierte Materialien am Realgegenstand (kostenfreies Unterrichtmaterial siehe S. 11).
Nutzen Sie die entsprechenden Lapbook-Vorlagen, um die Informationen aus den Texten mithilfe dieses interaktiven Minibuchs nochmals aufzuarbeiten.
Die Lernenden gestalten unter entwicklungsbezogener Hilfestellung ein Lapbook und besprechen die Inhalte.
Es hat sich bewährt, das Lapbook zur Anschauung vorab zu basteln. Gehen Sie schrittweise vor und machen Sie den Schüler*innen die einzelnen Handlungsschritte vor:

1. Falte dein Lapbook. Falte beide Enden des Papiers zur Mitte.
2. Schneide die Vorlage 1 aus. Schneide die Vierecke entlang der gestrichelten Linien.
3. Klebe das Kinderbild als Deckblatt auf.
4. Schreibe die Überschrift „Pubertät“ auf das Deckblatt.
5. Klappe das Lapbook auf. Klebe das Erwachsenenbild in die Mitte.
6. Schneide die Vorlage 2 aus. Schneide Vierecke entlang der gestrichelten Linien aus.
7. Klappe dein Lapbook auf.
8. Klebe die blauen/gelben Klappen an entsprechender Stelle übereinander. Klebe sie dann auf die linke Lapbook-Seite.
9. Loche das grüne Kärtchen an entsprechender Stelle. Klebe auf die anderen grünen Kärtchen gesammelte Informationen zur Frauenarzt-/Urologie-Praxis/zu Beratungsstellen/Hilfetelefonen. Verbinde die grünen Kärtchen auf der rechten Seite oben mit dem Lapbook zu einem Fächer.
10. Lege die Schablone unten rechts auf das Lapbook. Umrande die Schablone mit einem Bleistift und gestalte mit bunten Stiften einen Rahmen. Male oder klebe dein Lieblingsoutfit/deine Lieblingskleidung ein.

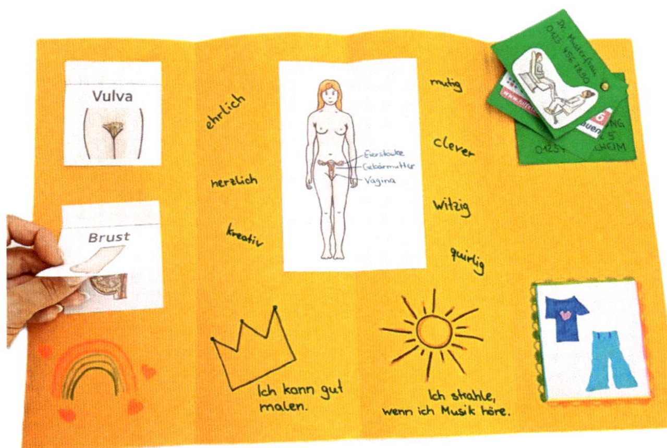

Körperlandkarte zur Pubertät

Material

- ✔ 2 Körperumrisse (biologisch weiblicher und biologisch männlicher Körper) auf Tapete/weißen Laken
- ✔ Realgegenstände, alternativ Abbildungen (siehe Auflistung unten)

Realgegenstände mit Symbolfunktion:

- verstärkter Haarwuchs u. a. im Intimbereich und den Achseln (Rasierer)
- Wachstumsschub (Maßband)
- Proportionsverschiebung (Hosenbund), Brustwachstum (BH)
- Veränderung der Gesichtszüge (Passbild Kind und Erwachsene*r)
- Hautunreinheiten (Pickelstift)
- Menstruationsbeginn (Binde)
- Gewichtszunahme (Waage)
- Schweißproduktion (Deo)
- Coolness (Sonnenbrille)
- Stimmungsschwankungen (Smileys)
- Genervtheit (Türschild)
- Verliebtsein (Herz)
- Peergroup (Foto)
- soziale Medien (Handy)

- Stimmbruch (Mikrofon)
- Erektionen, verstärkter Ausfluss (Unterhosen)
- Müdigkeit (Schlafmaske)
- Muskelwachstum (Hantel)
- Eitelkeit (Handspiegel)

Umsetzung

Bereiten Sie zwei Körperumrisse vor, welche anschließend nebeneinander auf den Boden gelegt werden. In den Mittelgang zwischen den Körperumrissen werden die oben aufgeführten Realgegenstände gelegt und ihre Bedeutung wird geklärt. Die Gegenstände werden den Körperumrissen zugeordnet und die Auswahl kritisch reflektiert (Benötigt das Wachstum der Körperbehaarung zwingend eine Rasur?). Veränderungen, die unabhängig vom biologischen Geschlecht sind, verbleiben in der Mitte (z. B. Körpergrößenzunahme/Maßband).

Jugend-Feierstunde[8]

> Das Leben ist gefüllt mit guten
> und mit schlechten Zeiten.
>
> Es werden sich Türen öffnen und
> es werden sich Türen schließen.
>
> Aus allem, was passiert, werdet ihr lernen.
>
> Vertraut dabei auf euch und eure Liebsten!

> Achtet einander und folgt euren Herzen.
>
> In euch steckt so viel mehr,
> als ihr manchmal selbst glaubt.
>
> Die Welt braucht eure Begabungen
> und Ideen!

In vielen Städten werden in der achten Klasse Feste zum Übergang ins Erwachsenenalter angeboten. Erfahrungsgemäß wird dieses Ritual jedoch von Jugendlichen mit dem Förderschwerpunkt Geistige Entwicklung weniger angenommen.
Unabhängig davon kann für die Achtklässler*innen eine Jugendfeier auch in der Schule organisiert werden. Vorausgehend lassen sich damit zahlreiche lebenspraktische Elemente verbinden (Einladung für die Erziehungsberechtigten schreiben, Tischdekoration überlegen, kleines Dankeschön gestalten, feierliche Kleidung versus Alltagskleidung thematisieren, Verhalten als Gastgeber*innen besprechen ...).

Für die Heranwachsenden ist eine feierliche Urkundenübergabe mit Stolz und Gemeinschaftserleben verbunden. Das Ritual vermittelt Mut für den kommenden Lebensweg. Die Urkundenübergabe sollte durch eine Rede von der Schul- und/oder Klassenleitung begleitet werden und kann mit einer gemeinsamen Aktivität (z. B. Mittagessen, Schwarzlicht-Minigolf, Theaterbesuch) verbunden sein. Zur musikalischen Umrandung der Feierstunde bieten sich folgende Musikstücke an:

- „Für Elise" von Ludwig van Beethoven
- „Ich glaub an dich" von Gregor Meyle

Ein Schlüssel kann ein symbolhaftes Geschenk darstellen. Dieser soll Türen öffnen: mit Mut, Willenskraft, Glück, in Gesundheit, Dankbarkeit und (Selbst-)Vertrauen.

[8] *Die „Jugendweihe" entwickelte sich im 19. Jh. aus dem Bedürfnis freireligiöser Gemeinden heraus, eine von christlichen Initiationsfeiern (Konfirmation und Firmung) getrennte Feier für Jugendliche zu etablieren. Eine besondere Bedeutung bekam diese Initiationsfeier als „Jugendweihe" in der DDR. Damals stand die Erziehung zur sozialistischen Persönlichkeit im Vordergrund. Nach der Wende übernahmen Verbände die Neuorganisation der Jugendweihe.*

Geschlechtsorgane anschaulich

Material

- ✔ Knete (ggf. selbst hergestellt aus 500 ml heißem Wasser, 500 g Mehl, 100 g Salz, 2 EL Zitronensäure, 5 EL Öl und 5 Tropfen Lebensmittelfarbe)
- ✔ ggf. vergrößert kopierte Kopiervorlage der Organe (siehe S. 18)
- ✔ optional Boxershorts, Slip, Foto von Toilette und Urinal
- ✔ ggf. Wortkarten (lerngruppenangepasst didaktisch reduziert) mit den Begriffen: „äußere Geschlechtsorgane“, „Vulva“, „Vulvalippen“, „Klitoris“, „Hodensack“, „Penis“, „Eichel“, „innere Geschlechtsorgane“, „Scheide/ Vagina“, „Gebärmutter“, „Eierstöcke“, „Eileiter“, „Samenleiter“, „Hoden“, „Harnröhre“)
- ✔ Unterrichtsmaterial und -ideen siehe auch S. 11 und S. 72

Umsetzung

Verknüpfen Sie diese Unterrichtsideen gerne mit Lerneinheiten aus anderen Kapiteln dieses Buches zu den Themen „Geschlechtsidentität“, „Geschlechtsverkehr“ und „Verhütung“.
Die Lernenden können erkennen:

„Körper unterscheiden sich.

Es gibt verschiedene Augenfarben und auch jede Nase sieht anders aus.

Auch in unseren Körpern ist manches verschieden.

Es gibt Organe, die haben wir alle. Das ist z. B. das Herz oder die Lunge.

Dann gibt es Organe, die haben wir nicht alle. Genauer gesagt, sie unterscheiden sich.

Wir alle haben Geschlechtsorgane.

Man sagt dazu auch: Fortpflanzungsorgane, weil sie der Fortpflanzung dienen.

Mit ihnen kann man Kinder bekommen.

Es gibt Menschen, die haben eine Vulva, Vagina/Scheide, eine Gebärmutter und Eierstöcke.
Es gibt Menschen, die haben einen Penis, Hoden und Samenleiter.“

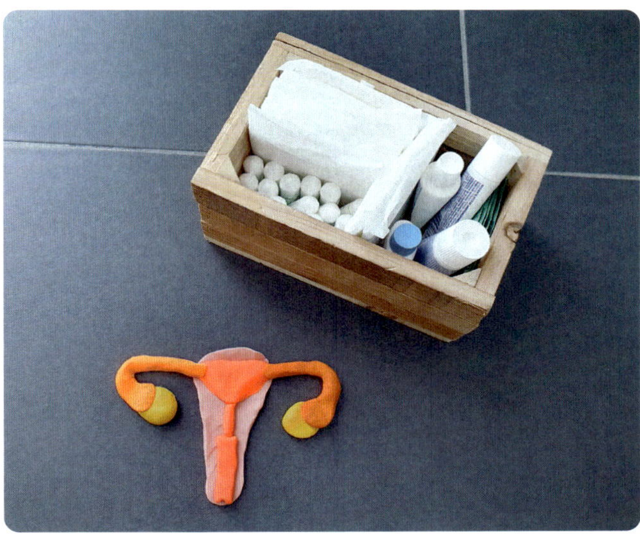

Besprechen Sie Schemazeichnungen der äußeren und inneren Geschlechtsorgane. Benennen und beschriften Sie diese mit lerngruppenangepasster, didaktisch reduzierter Auswahl an Wortkarten. (Wenn möglich, sollte an dieser Stelle darauf hingewiesen werden, dass zwar die meisten, aber nicht alle Männer/Frauen die entsprechenden Geschlechtsorgane haben.)
Die Lernenden formen anschließend in Gruppenarbeit die (inneren) Geschlechtsorgane mit Knete nach. Laminierte Bildkarten der Geschlechtsorgane können als Knetunterlage dienen.

Weiterführende Ideen

Es hat sich bewährt, den Jugendlichen grundlegende Hygieneartikel in einem kleinen Kästchen zur Verfügung zu stellen. Voraussetzung dabei ist Ehrlichkeit als Grundwert. Das Kästchen kann in der Schultoilette oder an einem vereinbarten Ort im Klassenraum stehen. Es beinhaltet neben Monatshygieneartikeln auch kleine Produktproben, z. B. von Zahnpasta oder Duschgel.

Abenteuer Pubertät (1/2)

In der Pubertät verändert sich euer Körper. Ein Kind sieht anders aus als ein erwachsener Mensch. Diese Zeit der Veränderung – vom Kind zum erwachsenen Menschen – nennt man Pubertät. Sie beginnt, wenn ihr etwa elf Jahre alt seid. Das ist eine ganz wunderbare Zeit der Verwandlung, in der ihr zu ganz wundervollen Erwachsenen heranwachst.
Alles beginnt in eurem Inneren. Das könnt ihr noch gar nicht sehen.
Das Gehirn gibt dafür den Startschuss und es werden Hormone produziert.
(das Startsymbol an das Gehirn legen)

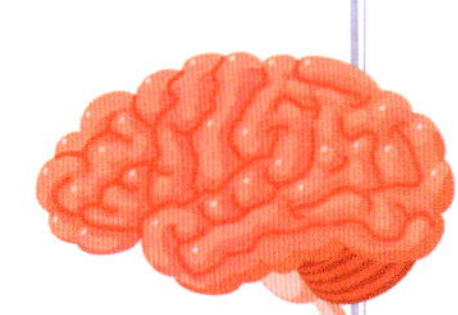

Das klingt kompliziert. Ihr könnt euch das so vorstellen, dass euer Körper anfängt, von innen aufzublühen, und dabei wie eine Blume überall einen Duft versprüht.
(duftende Blume herumreichen)

Die Hormone werden in den Geschlechtsorganen gebildet. Die Eierstöcke sind unten im Bauch und stellen das Hormon Östrogen her, was durch das Blut überall im Körper verteilt wird.
(kleine rote Punkte in den biologisch weiblichen Körper stempeln)

Die Hoden bilden das Hormon Testosteron, welches auch überall im Körper verteilt wird.
(kleine grüne Punkte in den biologisch männlichen Körper stempeln)

Wow! So viele neue Sachen sind nun überall in eurem Körper verteilt. Langsam merkt ihr auch diese Veränderung an euch selbst – und auch andere Menschen merken, dass ihr euch verändert.
Ihr wachst nicht nur und werdet größer, es verändern sich auch andere Dinge.
Nicht nur beim Sport verändert sich zum Beispiel der Körpergeruch.
(Sport-T-Shirt hinlegen)

Es kann sein, dass ihr mehr schwitzen müsst und etwas anders riecht als sonst. Das macht aber nichts: Dafür wurden die Dusche und das Deo erfunden und es wird immer Menschen geben, die euch gut riechen können!
Außerdem mussten alle Menschen einmal durch diese Zeit durch und auch deine Klassenkameradinnen und Klassenkameraden erleben diese Zeit. Haltet zusammen

Abenteuer Pubertät (2/2)

und dann meistert ihr sie umso besser! Erwachsenwerden heißt nämlich auch, dass man euch mehr zutraut und ihr mehr allein machen dürft. – Toll!
Manche von euch merken vielleicht auch schon andere Veränderungen des Körpers. Ihr wachst und werdet größer. Auch euer Gesicht verändert sich. Bald seht ihr vielleicht die ersten kleinen Pickel, ihr habt das Gefühl, eure Haare öfters waschen zu wollen, und Haare beginnen auch dort zu wachsen, wo vorher gar keine Haare waren.
(Shampoo-Flasche hinlegen)

Wow! Schon wieder viele neue Veränderungen. Die machen manchmal Angst oder unsicher. Ja, manchmal machen sie auch schlechte Laune.
(Smileys hinlegen)

Vielleicht hat euch auch schon einmal jemand gesagt, ihr sollt nicht so zickig sein. Jedes Gefühl ist in Ordnung und in der Pubertät fahren die Gefühle manchmal Achterbahn, weil auch bei euch im Gehirn alles etwas durcheinander ist. Bleibt dabei immer nett zueinander und macht euch nicht so viele Sorgen. Wie viele Abenteuergeschichten nimmt auch die Pubertät ein gutes Ende, auch wenn dieses Abenteuer in euren Körpern gerade schwierig erscheint.

Ihr werdet in den nächsten Jahren viel Neues entdecken und euch immer besser kennenlernen. Wie für jedes Abenteuer braucht es dabei Mut, Selbstvertrauen und Menschen, mit denen man das gemeinsam schafft. Immer wenn ihr in den Spiegel schaut, sagt euch, wie schön und toll ihr seid.
(Spiegel herumgeben, Lehrkraft schaut in den Spiegel und sagt: „Ich bin gut so, wie ich bin!“)

Eure Freunde und Freundinnen machen das Gleiche durch und finden vieles sicher auch ganz seltsam. Es ist nun ganz wichtig, dass ihr füreinander da seid. Euch helft, wenn es einmal schwierig ist, miteinander quatscht und lacht. Wenn ihr Fragen habt, helfen euch Erwachsene. Wir wünschen euch, dass ihr euch wohl in eurem Körper fühlt und ihr immer liebe Menschen um euch habt, die für euch da sind. Seid dabei immer neugierig, mutig und freundlich.

Pubertät (1/2)

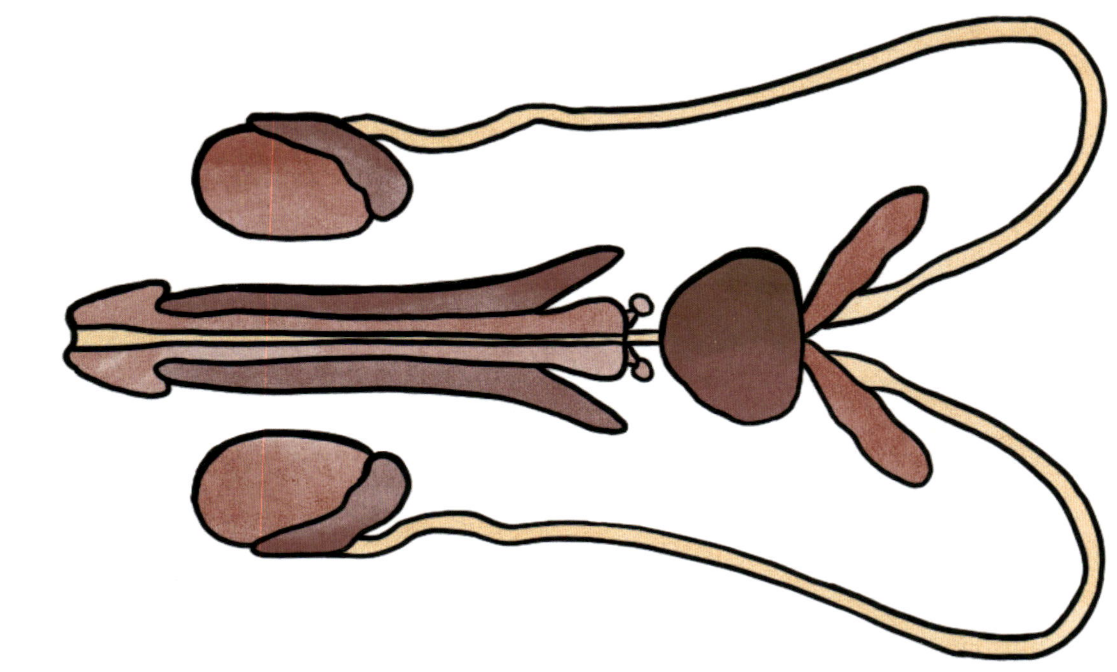

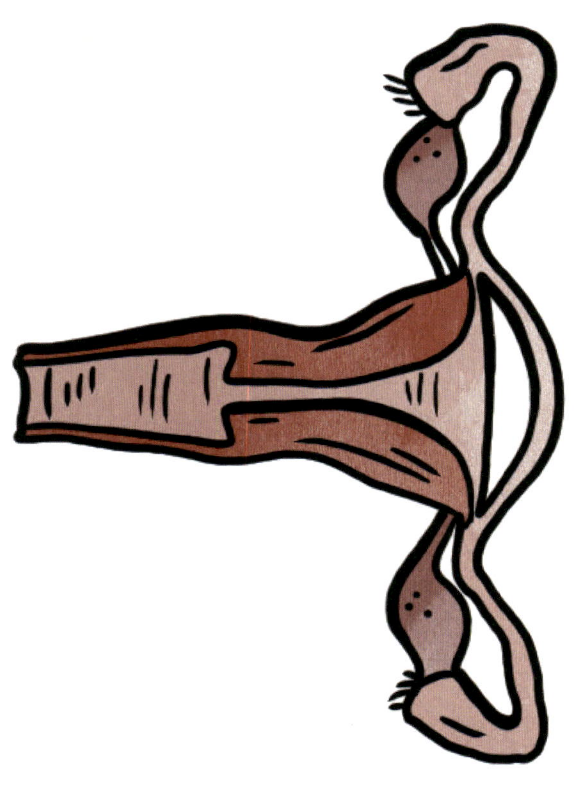

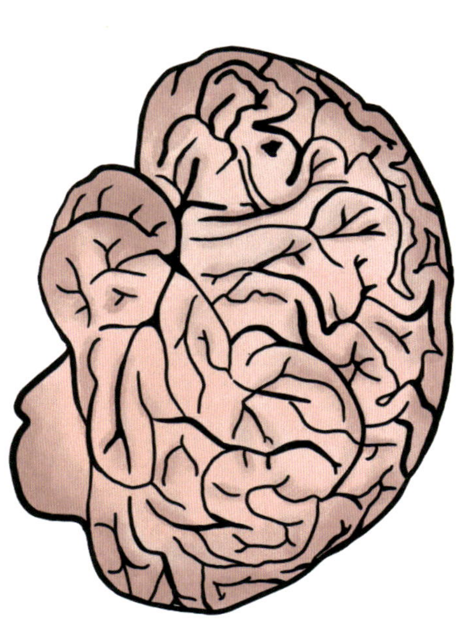

Pubertät (2/2)

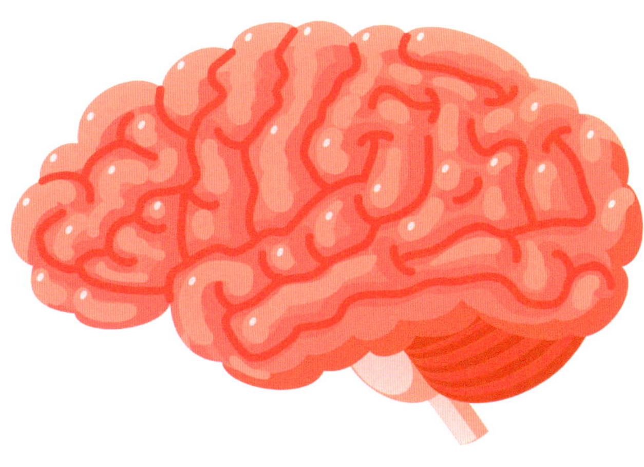

Körperliche Entwicklung

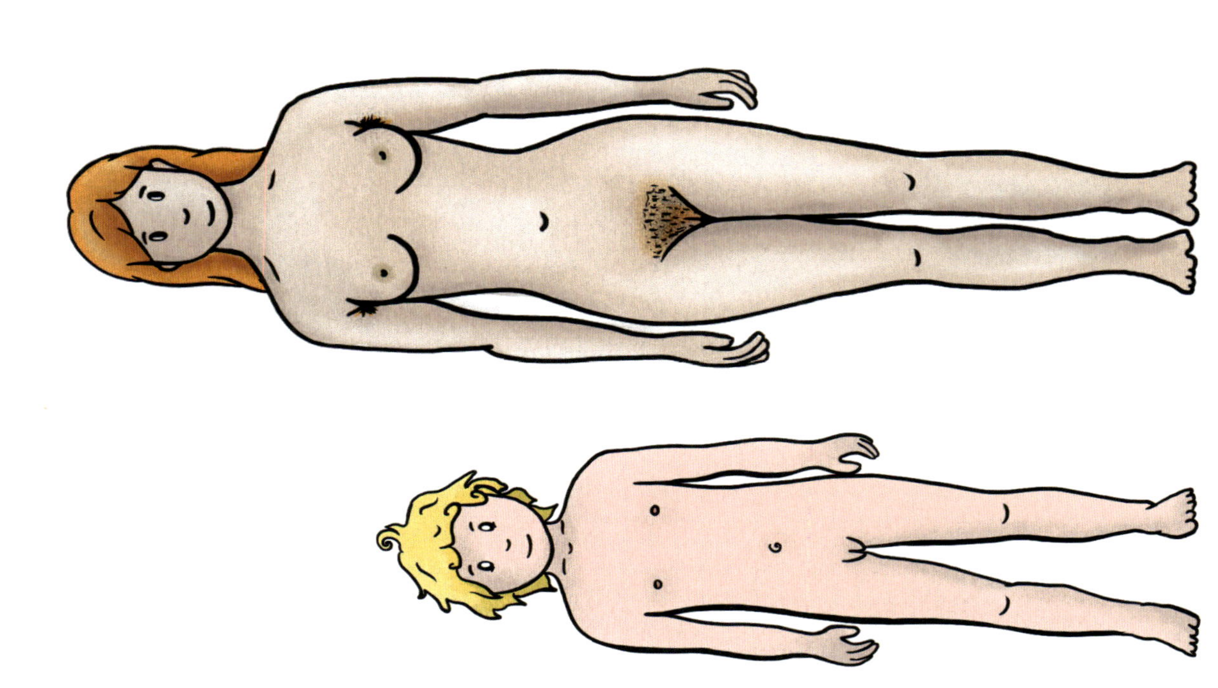

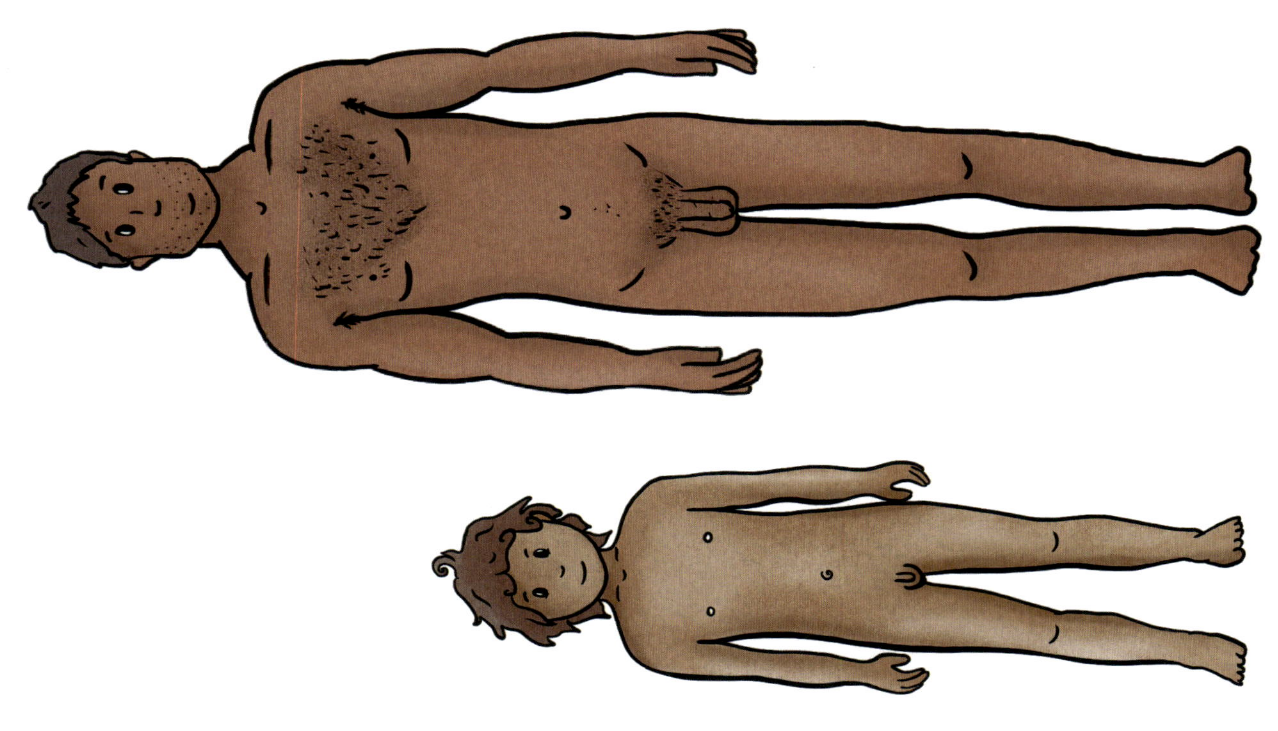

Vorlesetext zum Lapbook (biologisch weiblich)

Vom Mädchen zur Frau

Ihr verwandelt euch vom Mädchen zur Frau. Diese Verwandlung beginnt, wenn ihr etwa zehn Jahre alt seid, und dauert einige Zeit. Das nennt man Pubertät. Am Ende der Pubertät werdet ihr eine wunderbare junge Frau sein.

Am Anfang merkt ihr gar nicht, dass es losgeht. Die Verwandlung beginnt in eurem Körper, in eurem Inneren. Die Verwandlung wird von Hormonen gesteuert. Besonders wichtig ist das Hormon Östrogen. Hormone sind winzig kleine Stoffe, die durch das Blut überall in eurem Körper verteilt werden. Sie sorgen dafür, dass sich euer Körper verändert. Das merkt ihr dann auch irgendwann äußerlich, ihr könnt es also im Spiegel sehen oder auch riechen. Euer Körpergeruch kann sich verändern. Das ist nicht schlimm, dafür gibt es Duschen. Wer mag, kann sich auch ein Deo kaufen. Ihr werdet auch bemerken, dass euch an Stellen Haare wachsen, wo vorher gar keine Haare waren: unter den Achseln, im Intimbereich oder auch mehr an den Beinen. Manche Frauen rasieren sich diese Haare ab. Jede darf das selbst entscheiden. Eine weitere Veränderung ist, dass eure Brüste anfangen, zu wachsen. Die Natur entscheidet, wie groß die Brüste werden. Egal wie, sie werden wunderschön, weil sie zu euch gehören. Wer möchte, kann sich den passenden BH dafür kaufen.

Eines Tages werdet ihr dann auch etwas Blut zwischen den Beinen oder in eurem Slip finden. Keine Sorge. Ihr könnt es einer erwachsenen Person, der ihr vertraut, erzählen, um Fragen zu klären. Das ist kein Blut aus einer Wunde, sondern euer Körper trennt sich von einem kleinen Nest in der Gebärmutter. Denn dort, in der Gebärmutter, kann ein Baby wachsen, wenn man schwanger wird. Ganz in der Nähe der Gebärmutter sind zwei Eierstöcke. Dort liegen viele Eier, die Eizellen, wie in zwei Schatztruhen bereit. Jeden Monat wandert eine Eizelle durch einen Tunnel, den Eileiter, in die Gebärmutter. Dort hat der Körper ein Nest für die Eizelle gebaut. Wenn man nicht schwanger wird, werden die Eizelle und das Nest nicht gebraucht. Es wird über die Vagina herausgespült. Diese Reste und das Blut seht ihr dann in dem Slip. Diese Blutung nennt man Menstruationsblutung und sie kommt ungefähr einmal im Monat. Man nennt das auch Periode oder Zyklus. Um das Blut aufzufangen, kann man verschiedene Periodenprodukte kaufen.

Das alles ist aufregend und ihr werdet sicher das ein oder andere Mal über euch und euren Körper nachdenken. Das ist in Ordnung, denn es passiert ja auch viel Neues. Manchmal wird euch auch etwas stören, vielleicht ein Pickel auf der Stirn. Denn die bekommt man während der Pubertät öfter mal. Zusammen mit lieben Menschen um euch herum werdet ihr diese Zeit erleben und immer wieder Neues entdecken. Es ist ein bisschen wie ein Zauber: Immer wieder merkt man eine neue Veränderung! Erwachsen werden macht zusammen mit lieben Menschen viel mehr Spaß – nicht nur das Shoppen toller Kleidung oder des einen oder anderen Pflegeproduktes.

Ich wünsche euch eine spannende Verwandlung vom Mädchen zur Frau! Wir haben jetzt einiges über die Veränderungen in euren Körpern gehört und ich bin gespannt auf eure Fragen …

Vorlesetext zum Lapbook (biologisch männlich)

Vom Jungen zum Mann

Ihr verwandelt euch langsam vom Jungen zum Mann. Diese Verwandlung beginnt, wenn ihr etwa elf Jahre alt seid und dauert einige Zeit. Das nennt man Pubertät. Am Ende der Pubertät werdet ihr ein wunderbarer junger Mann sein.

Am Anfang merkt ihr gar nicht, dass es losgeht. Die Verwandlung beginnt in eurem Körper, in eurem Inneren. Die Verwandlung wird von Hormonen gesteuert. Besonders wichtig ist das Hormon Testosteron. Hormone sind winzig kleine Stoffe, die durch das Blut überall in eurem Körper verteilt werden. Sie sorgen dafür, dass sich euer Körper verändert. Das merkt ihr dann auch irgendwann äußerlich, ihr könnt es also im Spiegel sehen oder auch riechen. Ihr werdet größer und eure Körperform verändert sich. Euer Körpergeruch kann sich verändern. Das ist nicht schlimm, dafür gibt es Duschen. Wer mag, kann sich auch ein Deo kaufen. Ihr werdet auch bemerken, dass euch an Stellen Haare wachsen, wo vorher gar keine Haare waren: unter den Achseln, am Hodensack oder auch im Gesicht: Ihr bekommt einen Bart. Manche Männer rasieren sich diese Haare ganz ab und manche finden einen Bart ganz hübsch. Jeder darf selbst entscheiden: wie es euch gefällt. Eine weitere Veränderung ist, dass sich eure Stimme verändert. Man sagt auch, ihr kommt in den Stimmbruch. Die Natur entscheidet, wann das passiert und wie eure Stimme am Ende klingt. Egal wie, sie wird genau richtig, denn es ist eure Stimme, die genau zu euch gehört.

Euer Penis wird wachsen und kann auch mal hart/steif werden. Eines Tages werdet ihr dann vielleicht auch euren ersten Samenerguss haben. Es kann sein, dass du nach einem schönen Traum aufwachst und einen nassen Fleck im Bett hast. Ihr könnt es einer erwachsenen Person, der ihr vertraut, erzählen und diese Person wird es euch auch noch einmal erklären und all eure Fragen beantworten. Wichtig ist, dass der Samenerguss zeigt, dass nun in euren Hoden Spermien produziert werden und ihr Kinder bekommen könntet. Meist, wenn ihr sexuell sehr erregt seid, ihr euch zum Beispiel selbst befriedigt, werdet ihr einen Samenerguss bekommen, d. h., eine weiße Flüssigkeit kommt aus dem Penis heraus. Es ist wichtig, dass ihr das Bettlaken und die Unterwäsche dann wechselt.

Das alles ist aufregend und ihr werdet sicher das ein oder andere Mal über euch und euren Körper nachdenken. Das ist in Ordnung, denn es passiert ja auch viel Neues. Manchmal wird euch auch etwas stören, vielleicht ein Pickel auf der Stirn. Denn auch das gehört zur Pubertät dazu. Zusammen mit lieben Menschen um euch herum werdet ihr diese Zeit erleben und immer wieder Neues entdecken. Es ist ein bisschen wie ein Zauber: Immer wieder merkt man eine neue Veränderung! Erwachsenwerden macht zusammen mit lieben Menschen viel mehr Spaß – nicht nur das Shoppen toller Kleidung oder des einen oder anderen Pflegeproduktes.

Ich wünsche euch eine spannende Verwandlung vom Jungen zum Mann!

Wir haben jetzt einiges über die Veränderungen in euren Körpern gehört und ich bin gespannt auf eure Fragen …

Lapbookvorlagen zur Pubertät (biologisch weiblich) (1/2)

Eierstöcke

Gebärmutter

Scheide/Vagina

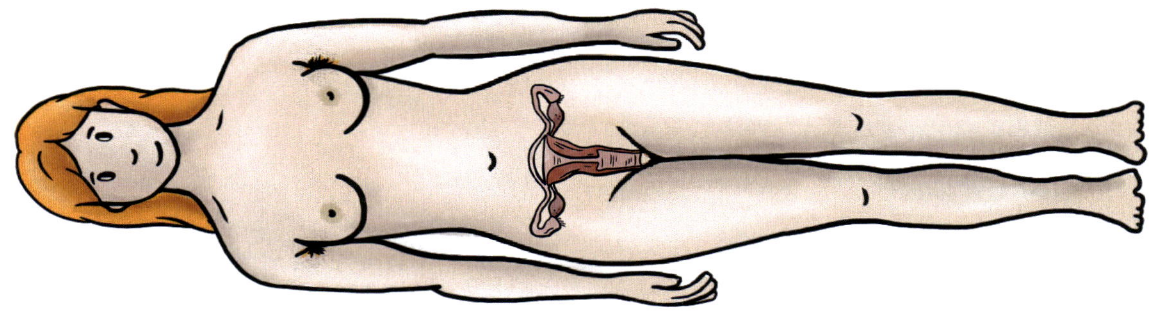

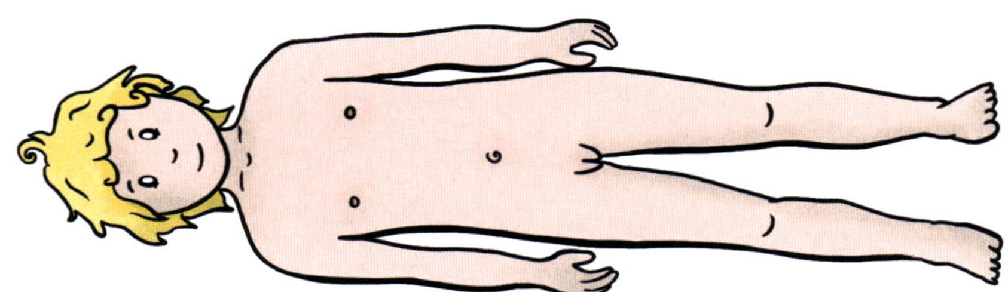

Lapbookvorlagen zur Pubertät (biologisch weiblich) (2/2)

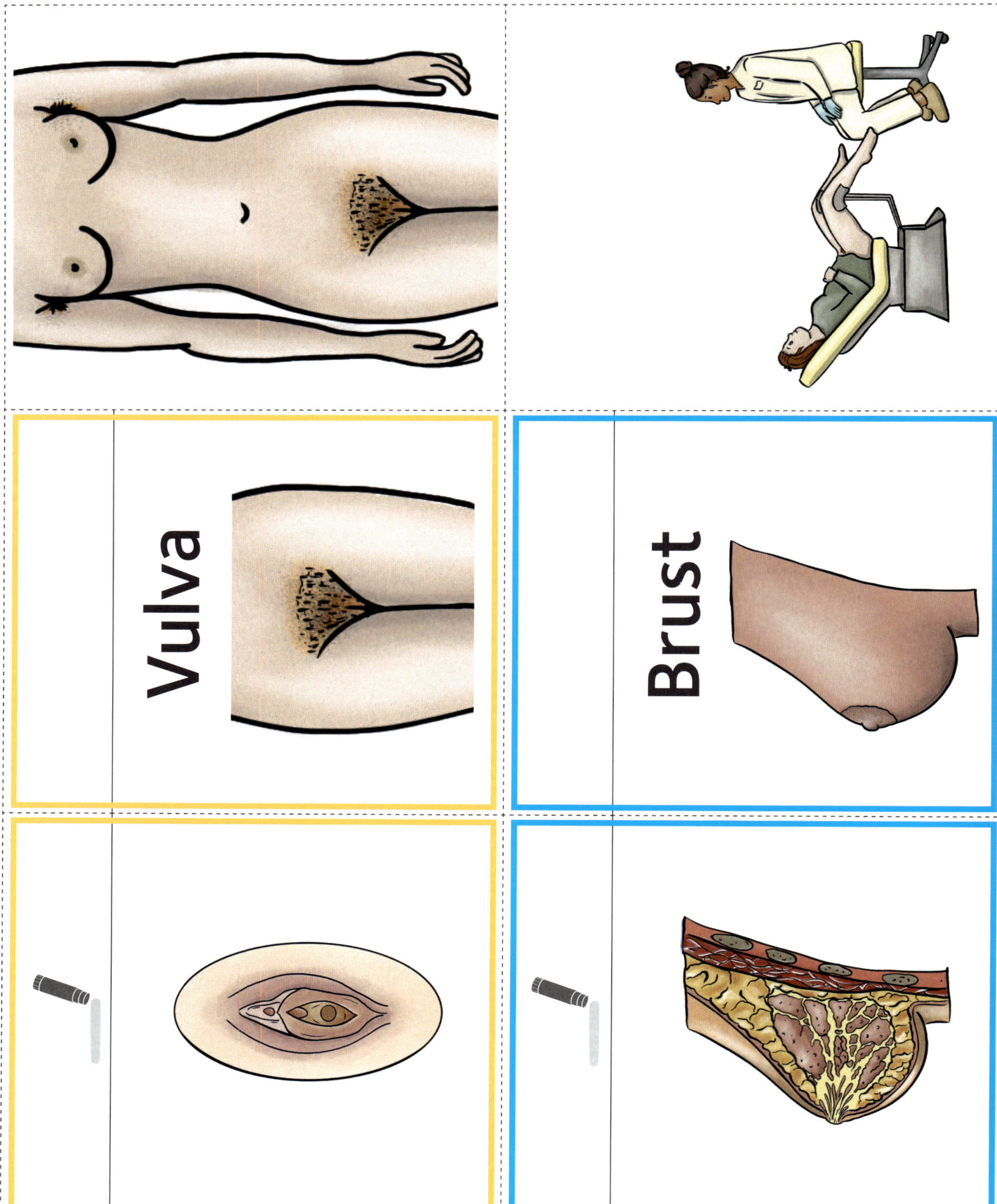

Lapbookvorlagen zur Pubertät (biologisch männlich) (1/2)

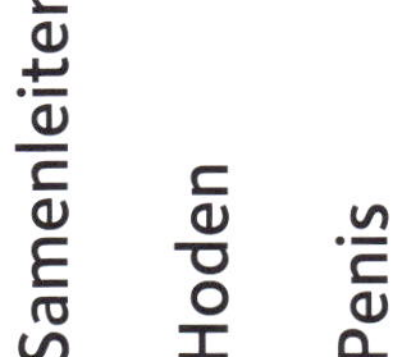

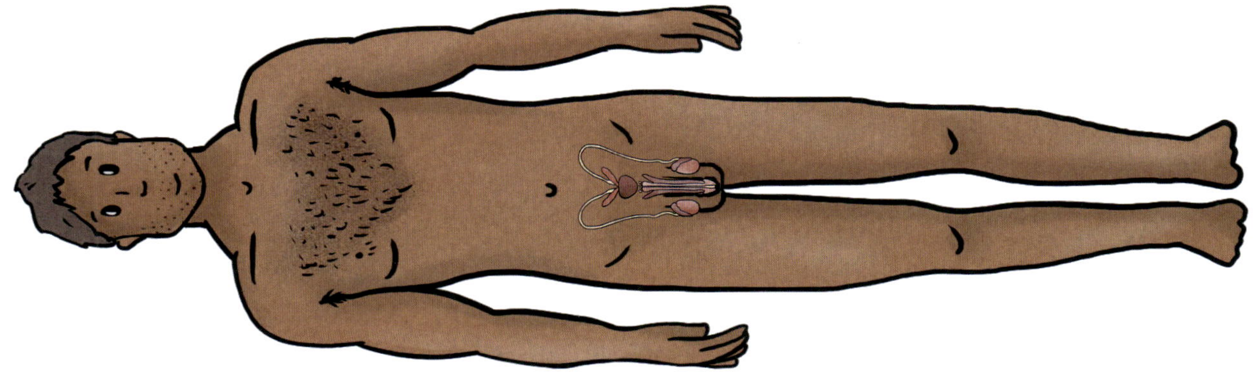

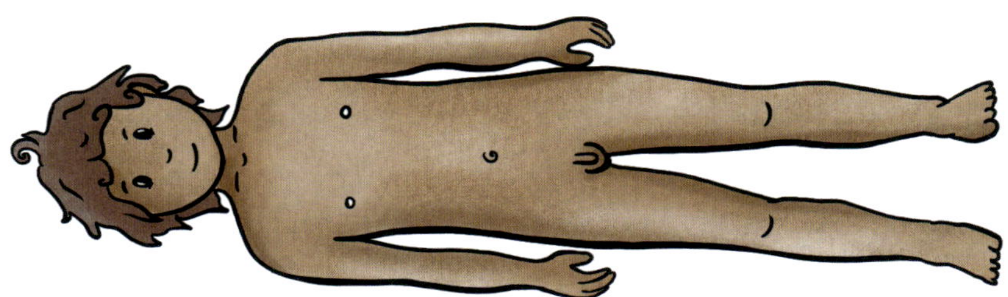

Lapbookvorlagen zur Pubertät (biologisch männlich) (2/2)

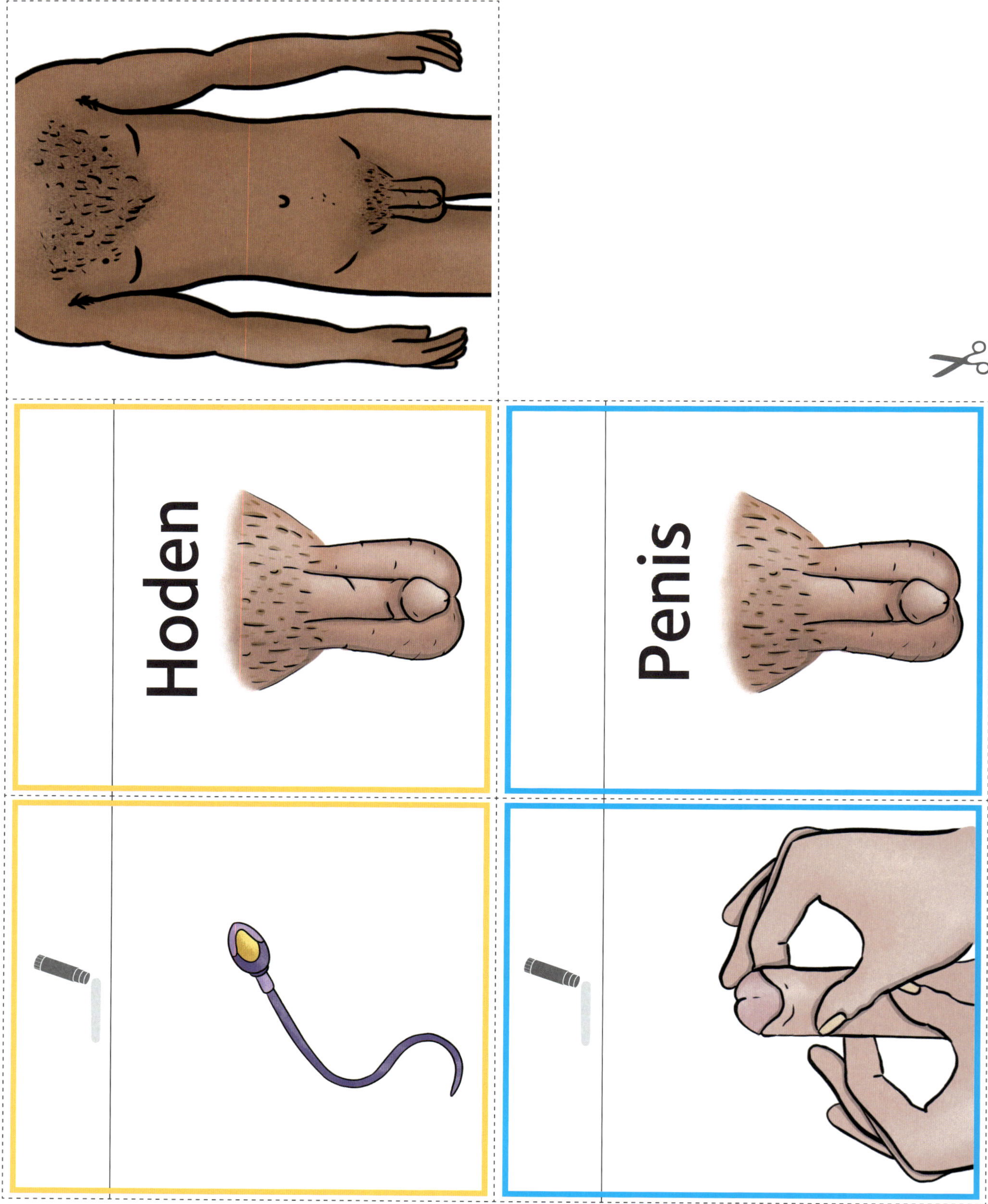

Sinnespfad „Ich in einer bunten Welt“

Sinnespfad „Ich in einer bunten Welt“

„Unsere Welt ist bunt. Damit meine ich nicht nur die bunte Blumenwiese oder den Papagei mit den bunten Federn. Es gibt so viele verschiedene Farben (ggf. Farbmusterkarten aus dem Baumarkt zeigen und besprechen). Grün ist nicht gleich Grün. Rot ist auch nicht gleich Rot. Vor allem ist meine Lieblingsfarbe nicht immer auch eure Lieblingsfarbe.
So wie die Farben sind auch wir ganz unterschiedlich. Vielfalt und Respekt wird auch oft mit dem bunten Regenbogen gezeigt. Jede Farbe ist zwar anders, aber sie gehören alle zusammen. Nur gemeinsam schaffen sie einen wunderschönen Regenbogen.“

Wertschätzende Rückmeldungen von Mitmenschen inkludiert, können jungen Menschen mit dem nachfolgenden Sinnespfad

- sich wertschätzend mit ihrer eigenen Person befassen.
- den Wert von Gleichberechtigung und Selbstentfaltung erkennen.
- Geschlechterrollenklischees und eigene Vorstellungen reflektieren.
- Diversität zulassen und Unterschiedlichkeit als Gewinn für das Zusammenleben erkennen.
- sich der sexuellen Selbstbestimmung bewusst werden.

Gestaltarbeit „Buntes Leben“

Material für die Gestaltarbeit

- ✔ Lichtquelle z. B. Taschenlampe oder Fotokamera, Drucker
- ✔ bunte Kreide
- ✔ Tonpapier weiß und schwarz
- ✔ Schere, Kleber, Bleistift

Material für die Stärke-Übung

- ✔ bunte (Chiffon-)Tücher
- ✔ allerlei Realgegenstände, z. B. CD, T-Shirt, Auto, Halskette, Schneebesen, Buch, Stifte, Herz …

Umsetzung

Die Lernenden fertigen Schattenbilder (Gesichtsprofil oder Frontalschatten) an.
Zuvor können Sie eine Übung gestalten, in der die Lernenden persönliche Stärken erkennen und benennen. Gestalten Sie dazu eine Kreismitte mit Chiffontüchern und legen Sie darauf verschiedene Gegenstände (z. B. CD, Auto …). Jede*r Lernende wählt einen Gegenstand aus (bzw. bekommt ausgewählt), von dem er*sie glaubt, dass dieser eine persönliche Stärke symbolisiert (z. B. Mikrofon – Ich kann gut singen). Die Stärken werden verbalisiert.

Das Leben ist bunt.

Viel bunter, als du manchmal glaubst.

Du bist ein Teil dieser bunten Welt.

Strahle in deinen Farben!

Traue dich, dein Leben bunt auszumalen.
Probiere Neues aus!

Sei du! Achte andere!

Lasse dein Herz leuchten!

Die Welt ist bunt und du bist
ein ganz besonderer Teil davon!

Schattenbild – Variante 1

Das Gesichtsprofil des Kindes oder der*des Jugendlichen wird fotografiert und auf gewünschter Größe ausgedruckt. Anschließend werden die Profilumrisse ausgeschnitten, auf schwarzes Tonpapier übertragen und wiederum ausgeschnitten.

Schattenbild – Variante 2

Der*die Lernende steht oder sitzt möglichst nah vor einem an der Wand hängenden schwarzen Papier. Das Papier wird von einer Lichtquelle angeleuchtet und der Umriss des Profilschattens mit Bleistift nachgezeichnet. Das Papier wird von der Wand genommen und das Motiv ausgeschnitten.
Das weiße Tonpapier wird zunächst sonnenstrahlartig, von der Mitte ausgehend, mit bunter Kreide bemalt. Danach werden die Strahlen mit den Fingern leicht verwischt. Die Lernenden kleben ihr Schattenbild mittig auf.

Weiterführende Ideen

„Du bist wie eine Farbe.
Nicht jeder Mensch mag alle Farben. Nicht jeder Mensch mag die gleiche Farbe, die du magst. So ist das. Stelle dir vor, du bist eine Farbe. Welche Farbe wärst du gerne? Nicht jeder Mensch wird dich dann mögen, aber es wird immer Menschen geben, die dich als Lieblingsfarbe haben."

Die Schattenbilder bzw. Silhouetten der jungen Menschen können ein weiteres Mal in ihrer jeweiligen Lieblingsfarbe angefertigt werden. – Ausgeschnitten und auf einen großen Hintergrund geklebt, ergeben sie eine wunderbare bunte Collage.

Nutzen Sie Liedtexte als Gesprächsanlass. Die Lernenden fertigen dazu Collagen, Verschriftungen oder Bastelarbeiten an.

TIPP:
deutschsprachige Liedtexte zum Thema „Vielfalt und Selbstliebe"

- ✔ „Beste Version" von Vanessa Mai
- ✔ „Modelmädchen" von Julia Engelmann
- ✔ „Einfach anders" aus dem Film „Bibi und Tina 5"
- ✔ „Ich bin" der Sängerin LaFee
- ✔ „Eigene Melodie" der Band Berge

Lesespaziergang zu Klischees

„Bei der Geburt wurden wir einem Geschlecht zugeordnet. Jede und jeder hatte schon als Baby ein sichtbares Geschlechtsteil: entweder einen Penis und Hodensack oder eine Vulva.
Hat das Baby eine Vulva, sagt man, es ist weiblich – ein Mädchen.
Hat das Baby einen Penis, sagt man, es ist männlich – ein Junge.
Manche Menschen haben eine Vulva, fühlen sich aber nicht weiblich. Andere Menschen haben einen Penis und fühlen sich aber nicht männlich.
Es gibt nicht nur Mann und Frau, nicht nur männlich und weiblich. Manche Menschen fühlen sich keinem Geschlecht zugehörig oder fühlen irgendetwas dazwischen. Das ist vollkommen o. k. Dann nutzt man das Wort „nicht binär". Es steht für geschlechtliche Vielfalt."

Lerngruppenangepasste Weiterführung

(siehe auch S. 32)
Vielfalt kann unterschiedlich aussehen. Es sind z. B. Menschen, die

- intergeschlechtlich („inter") sind, also Merkmale von männlichen und weiblichen Körpern haben.
- transgeschlechtlich („trans") sind, d. h. sich anders fühlen als das Geschlecht, das sie bei der Geburt zugewiesen bekommen haben.
- nicht binär sind, sich also weder als Mann noch als Frau fühlen.

Material

- ✔ Kopiervorlage „Vielfalt“ (siehe S. 34)
- ✔ Nagellack
- ✔ klischeebehaftete Glückwunschkarten zur Geburt (ggf. ausgedruckt)
- ✔ Vorlagen für den Lesespaziergang (siehe S. 35–37), ggf. abgebildete Utensil en als Realgegenstand
- ✔ Schere, Kleber, Buntstifte
- ✔ optional Klemmbretter

Umsetzung

Fragen Sie die Lernenden, wer Nagellack toll findet und welche Personen sie kennen, die Nagellack nutzen. Notieren und reflektieren Sie die Antworten und lassen Sie Zeit für Unterrichtsgespräche.
Sollte diese Einstiegsfrage dazu geführt haben, dass mehrheitlich Mädchen bzw. Frauen einen Nagellack nutzen, greifen Sie diese Rollenzuschreibung auf. Sie beeinflussen den Menschen ab seiner Geburt. Von klein auf verbindet man gesellschaftsbedingt ein Geschlecht mit Rollen und Eigenschaften. Besprechen Sie dazu klischeebehaftete Glückwunschkarten zur Geburt für Junge und Mädchen (Farbe, abgebildete Gegenstände).
Die Kopiervorlage (siehe S. 34) kann ergänzend als Gesprächsanlass dienen. Lassen Sie die Lernenden die Silhouetten der Menschen beschreiben und diskutieren Sie eine Geschlechtszuschreibung. Ist diese möglich und, wenn ja, warum?

Die Lernenden bearbeiten einen Lesespaziergang. Klären Sie zuvor das Wort- bzw. Bildmaterial. Nutzen Sie Realgegenstände als Anschauungsmaterial. Die Bilder (siehe S. 37) werden ausgeschnitten und geordnet in kleinen Schälchen o. Ä. im Klassenraum, Schulflur oder Außengelände verteilt.
Die Heranwachsenden erhalten je ein Leseblatt. Die Schüler*innen lesen auf Bild-, Silben- oder Wortebene und suchen das entsprechende Schälchen mit passendem Bildmaterial. Sie nehmen ein Klebebild heraus und kleben es an passender Stelle auf.
Ergänzend kreuzen die Lernenden diejenigen Gegenstände an, mit denen sie gerne spielen, die sie gerne anziehen oder gerne besitzen würden. Besprechen Sie die Auswahl, beispielsweise wer die pinkfarbene Hose (nicht) angekreuzt hat und warum.

Weiterführende Ideen

Es bietet sich an, ein Bekleidungsgeschäft zu besuchen. Sprechen Sie vorher ggf. mit der Filialleitung ab, ob ein Anprobieren und ggf. Fotografieren verschiedener Kleidung möglich ist. Die jungen Menschen schauen und zeigen verschiedene Kleidungsstücke, die ihnen gefallen. Besuchen Sie auch die Babyabteilung und reflektieren Sie (nicht nur dort) die Unterteilung in Mädchen und Jungen sowie die geschlechtstypischen Farben und Motive. Besprechen Sie geschlechtsspezifische Rollenzuschreibungen, aber auch, dass diese nicht übernommen werden müssen.

Schönheitsideale

Material

- ✔ Bildmaterial (z. B. Kataloge, Internetausdrucke) von verschiedenen Menschen und Kleidung (auch: früher/heute, aus anderen Ländern)
- ✔ Kopiervorlage „Schönheitsideale“ (siehe S. 38–40), auf DIN-A3-Format vergrößert
- ✔ Mal- und Schreibutensilien, Schere, Kleber
- ✔ ggf. Kopiervorlage „Warme Dusche“ (siehe S. 41)
- ✔ ggf. Bildbearbeitungs-App

Umsetzung

Die Lernenden setzen sich mit verschiedenen Körperbildern auseinander und erkennen, dass das Aussehen eines Menschen höchst individuell ist. Sie reflektieren, dass sie keinem Schönheitsideal entsprechen müssen. Besprechen Sie mit den Schüler*innen, dass Schönheit subjektiv

empfunden wird und jede*r von uns etwas anderes schön findet. Möglichkeiten dafür sind:

- in die Brillen-Abbildung (siehe S. 38) oder einen Körperumriss körperliche Merkmale und Kleidung einkleben oder beschriften, die aus individueller Sicht für schön befunden werden und die Person schmücken
- auf Fotos von verschiedenen Personen (ggf. auch Mitschüler*innen) mit Klebepunkten Körperstellen oder Kleidung markieren, die man besonders schön findet (falls diese damit einverstanden sind!)

Die Lerngruppe setzt sich mit dem Sprichwort „Schönheit liegt im Auge des Betrachters“ auseinander. Die Schüler*innen erkennen, dass jeder Mensch andere Dinge schön findet. Es existieren zwar immer auch bestimmte Schönheitsideale, letztendlich definiert jede*r Schönheit jedoch anders.

Angesprochen werden sollten dabei auch die sozialen Medien, die mit stereotypen Darstellungen arbeiten und die Wirklichkeit verzerrt darstellen. Dies ist unter anderem auf Bildbearbeitungs-Apps und Fotofilter zurückzuführen, die gerne im Unterricht ausgetestet werden können. Die Lernenden erkennen dann, wie wenig das mediale Aussehen mit der Wirklichkeit zu tun haben kann. Weiterhin helfen Accounts von Personen, die mit der ungeschminkten Wahrheit offen umgehen, und ein Unterrichtsgespräch darüber, dass sich Schönheitsideale mit der Zeit verändern (früher und heute, Ideale in anderen Ländern).

Schönheit ist weit zu fassen und geht über Äußerlichkeiten hinaus. Erörtern Sie Ausstrahlung, Selbstliebe und Charakter.

Hierbei helfen Redewendungen, welche ins Unterrichtsgespräch einbezogen werden können, z. B. „Wahre Schönheit strahlt von innen“.

Auf der Kopiervorlage „Schönheitsideale“ (siehe S. 38–40) können in das T-Shirt äußerliche Merkmale geklebt/gemalt/geschrieben werden, in der Herz-Abbildung finden Fotos von lachenden Menschen sowie Wortbilder von als schön empfundenen Charaktereigenschaften Platz.

Stellen Sie heraus, dass entgegen der verbreiteten (und unreflektierten) Schönheitsideale Menschen anders leben und dabei glücklich sind.

TIPP:
„Diversität in der Modewelt“

Unterstützend kann sein, (hochbezahlte) Models als Beispiel zu betrachten, die eine Vielfalt in der Welt selbstbewusst ausstrahlen. Dies sind unter anderem Shaun Ross, Debbie von der Putten, Casey Legler, Alex Mariah Peter, Angelina Kirsch oder Madeline Stuart.

Mit einer „Warmen Dusche“ können Sie das Thema mit Wertschätzung und Komplimenten abschließen. Dabei sollte vorher besprochen werden, welche Komplimente angemessen sind und welche nicht. Erinnern Sie die Schüler*innen auch daran, dass sich die Komplimente nicht nur auf Äußerlichkeiten beziehen müssen und dass Schönheitsempfinden nicht nur von Äußerlichkeiten abhängt, sondern auch von der Beziehung zu dem Menschen selbst. Nutzen Sie dafür gerne die Kopiervorlage (siehe S. 43). Hängen Sie diese im Lernraum auf. Die Lernenden gestalten/schreiben Komplimente-Blätter, welche drumherum platziert oder verschenkt werden können.

Lebenswege sind vielfältig

Das Leben ist eine Reise,
auf die man sich freut.
Manchmal reist man dorthin,
wo man noch nie vorher war.
Manchmal weiß man dann nicht,
wohin der Weg führt, den man gerade geht.
Man probiert ihn aus und entdeckt Neues.
Auf Reisen geht man manchmal allein,
oft aber zusammen mit anderen Menschen.
Oder man lernt neue Menschen kennen.
Wohin soll deine Reise gehen?
Wer und was soll dich begleiten?

Material

- ✔ individuell gefüllter Koffer als Anschauungsobjekt
- ✔ Kopiervorlage „Koffer“ (siehe S. 42), ggf. auf DIN-A3-Format kopiert
- ✔ Bastel- und Schreibutensilien, ggf. Kataloge u. Ä. zum Ausschneiden, Tonpapier, Kleber

Umsetzung

Präsentieren Sie den Lernenden einen Koffer und beschreiben Sie den Lebensweg als Reise. Der Koffer kann mit Ihren eigenen Erinnerungen oder Gegenständen gefüllt sein und besprochen werden (z. B. Einschulungsfoto, Abschlusszeugnis Schule, Urlaubsfotos/Souvenirs, Haustierfoto/Hundeleine usw.).
Die Heranwachsenden malen sprachlich Zukunftsbilder. Die Koffer auf der Kopiervorlage (siehe S. 42) dienen dabei als Sprachanlass („Welchen Koffer möchtest du gerne auf deiner Reise mitnehmen?“). Helfen Sie als Lehrkraft die Brücke zwischen realistischen Zukunftseinschätzungen und Träumen zu schlagen, stellen Sie dabei Zukunftsträume dennoch als unerlässlich für eine mutige Zukunftsgestaltung heraus.
Jede*r ist für seinen*ihren Koffer (Zukunft) verantwortlich. Ist der Koffer zu schwer, gibt es Lieblingsmenschen im Leben, die helfen.
Mit gegenseitiger Hilfe werden eigene Zukunftskoffer gestaltet. Die Lernenden malen, schreiben oder kleben Bilder in einen leeren Koffer (siehe Kopiervorlage, alternativ auf Tonpapier gezeichnet und ausgeschnitten). Der gestaltete/gefüllte Koffer kann gleichzeitig als Portfoliobestandteil dienen, welches zum Schulabschluss besprochen wird: „Ist der Koffer, den du jetzt mitnehmen würdest, noch genauso wie der von damals?“

TIPP:
deutschsprachige Liedtexte zum Thema „Lebenswege“

- ✔ „Die Reise“ von Max Giesinger
- ✔ „Kaum Erwarten“ von Vincent Weiß
- ✔ „So wie jetzt“ der Band Revolverheld

Sei immer du selbst …

Material

- ✔ Mal- und Schreibutensilien, Schere, Kleber, ggf. Reise- und Wohnkataloge u. Ä. zum Ausschneiden
- ✔ ggf. Kopiervorlage „Sei du selbst!“ (siehe S. 43), ggf. auf DIN-A3-Format vergrößert kopiert

Umsetzung

Die Lernenden sprechen über Selbstliebe und Individualität im respektvollen Miteinander. Mit etwas Witz und Kreativität schaffen sie ihre Traumwelt und gestalten diese mithilfe von Abbildungen aus Katalogen u. Ä. Bei der Betrachtung zeigt sich, dass jeder Mensch auf seine Weise glücklich ist (und werden kann). Nutzen Sie gerne dazu die Kopiervorlage „Sei du selbst“ (s. o.).

TIPP:
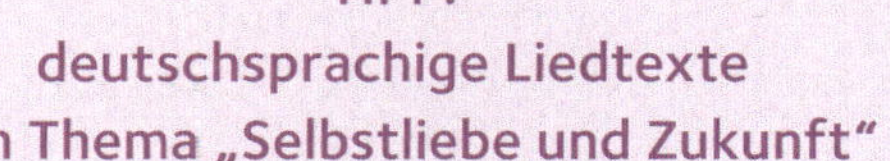
deutschsprachige Liedtexte zum Thema „Selbstliebe und Zukunft“

- ✔ „Sei immer du selbst“ von Jonathan Zelter
- ✔ „Unvergleichlich“ von Batomae
- ✔ „Das ist dein Leben“ von Philipp Dittberner
- ✔ „Nur in meinem Kopf“ von Andreas Bourani

Liebe

„Es gibt nicht nur Mann und Frau.
Es gibt Menschen, die eine Vulva haben,
sich aber nicht als Frau fühlen.
Es gibt auch Menschen mit einem Penis,
die sich nicht als Mann fühlen.
Ist der Körper nicht wie das empfundene Geschlecht,
sagt man, die Person ist trans.
Manche Menschen fühlen von beiden
Geschlechtern etwas in sich.
Andere Menschen sagen, dass sie gar kein
Geschlecht fühlen.
Das alles ist richtig.
Jeder Mensch fühlt für sich.
Man kann sich als Frau fühlen.
Man kann sich als Mann fühlen.

Man kann sich als Frau und Mann fühlen.
Man kann fühlen: Ich habe kein Geschlecht.
Genauso ist es mit der Liebe.
Menschen lieben verschieden.
Eine Frau kann einen Mann lieben.
Ein Mann kann eine Frau lieben.
Das nennt man heterosexuell.
Eine Frau kann eine Frau lieben. Sie liebt.
Man sagt auch: Sie ist lesbisch.
Ein Mann kann einen Mann lieben. Er liebt.
Man sagt auch: Er ist schwul.
Das nennt man homosexuell.
Ein Mensch liebt mehrere Geschlechter.
Das nennt man bisexuell.
Ein Mensch interessiert sich nicht für Sex.
Das nennt man asexuell."

Material

- ✔ Kopiervorlage „Liebe" (siehe S. 44/45), ggf. vergrößert kopiert und laminiert als Tafelmaterial, Schere

Umsetzung

Nutzen Sie die Bildvorlagen für ein offenes und wertschätzendes Unterrichtsgespräch. Die vier Personen Jona, Anne, Tom und Dennis werden als Einzelbilder zugeschnitten. Die Personen werden als Beispiele herangezogen, um unterschiedliche Paare herauszuarbeiten.
Sie werden betrachtet und ihnen werden für die Übung Geschlechter zugeschrieben (z. B. Jona und Anne weiblich, Tom und Dennis männlich).
Die Einzelbilder werden nun beispielsweise in der Tischmitte oder vergrößert an der Tafel zu Liebenden zusammengeschoben.

- Wären Anne und Tom in einer Liebesbeziehung, sagt man, sie sind in einer heterosexuellen Beziehung.
- Jona und Dennis: auch heterosexuelle Beziehung
- Jona und Anne: gleichgeschlechtliche/homosexuelle/lesbische Beziehung
- Dennis und Tom: gleichgeschlechtliche/homosexuelle/schwule Beziehung
- Ist Anne einmal mit Tom zusammen gewesen, jetzt in Liebesbeziehung mit Jona, dann sagt man, sie ist (bi-)sexuell, d. h., sie fühlt sich zu beiden Geschlechtern hingezogen.
- Besprechen Sie die Regelung, dass in Deutschland alle oben genannten Paare die Ehe schließen können. Es dürfen jedoch nur zwei Menschen miteinander verheiratet sein und jeder Mensch darf nur mit einer Person verheiratet sein.
- Anne ist (einvernehmlich) mit Tom und Dennis in einer Liebesbeziehung. In Deutschland dürfte sie aber nur einen von beiden als Ehepartner haben.

Weiterführende Ideen

Nutzen Sie auch hier gerne deutschsprachige Liedtexte als Gesprächsanlässe. Die Lernenden können dazu eigenkreativ Collagen, Verschriftungen oder Bastelarbeiten anfertigen.

TIPP:
deutschsprachige Liedtexte zum Thema „Liebe und Vielfalt"

- ✔ „Liebesleben" von Amy Wald
- ✔ „Regenbogenfarben" von Kerstin Ott
- ✔ „Vincent" von Sarah Connor
- ✔ „Ja ich will" von Rosenstolz und Hella von Sinnen

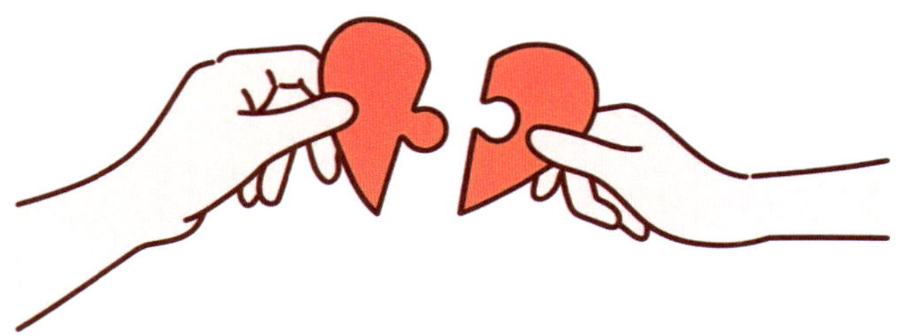

Vielfalt

Farben, Gefühle und Nagellack sind für alle da!

Leseblatt für den Lesespaziergang (Bild- und Silbenebene)

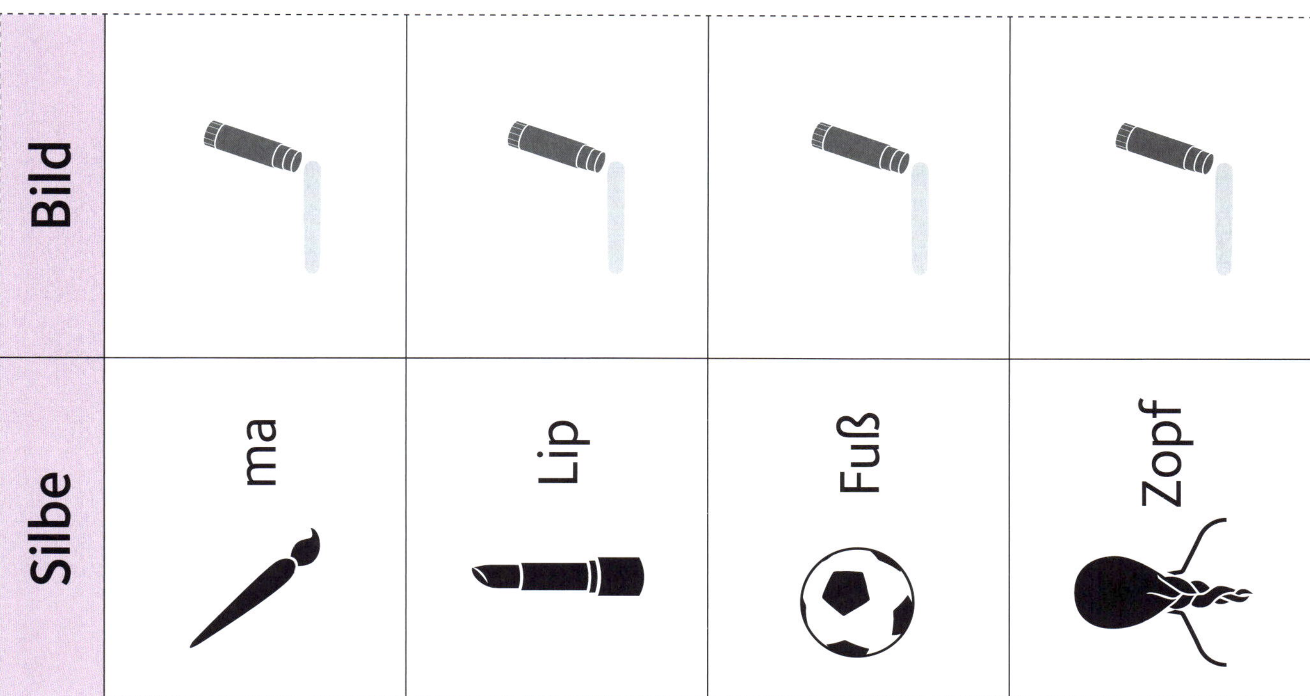

Bild				
Silbe	Ho	Au	Mu	Werk

Leseblatt für den Lesespaziergang (Wortebene)

Bild				
Wort	malen	Lippenstift	Fußball	Zopf

Bild				
Wort	Hose	Auto	Musik	Werkzeug

Bildkarten für den Lesespaziergang

Hinweis: Vorlage passend zur Lerngruppengröße kopieren, Kärtchen ausschneiden und sortiert in Schälchen im Klassenraum oder auf dem Schulgelände verteilen

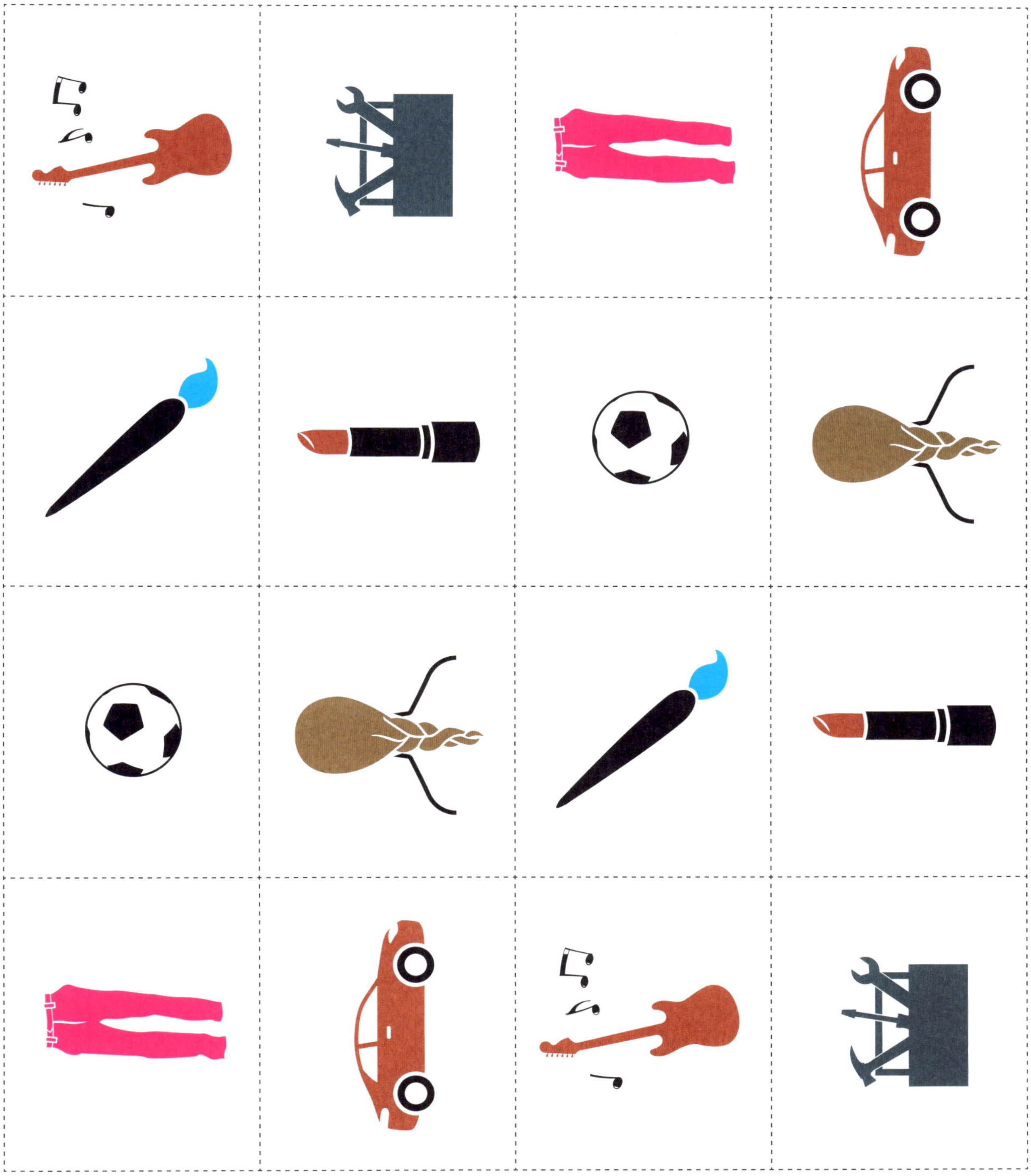

Schönheitsideale (1/3)

Schönheit liegt im Auge des Betrachters.

Jeder Mensch findet etwas anderes schön.

Schönheitsideale (2/3)

Schönheitsideale (3/3)

innere Schönheit

Warme Dusche

Koffer

Sei du selbst

Schnappschüsse

Sei mutig, nicht perfekt.

Zukunft

Originale sind besser als Kopien!

Liebe (1/2)

Liebe (2/2)

Anne	Tom
Jona	Dennis

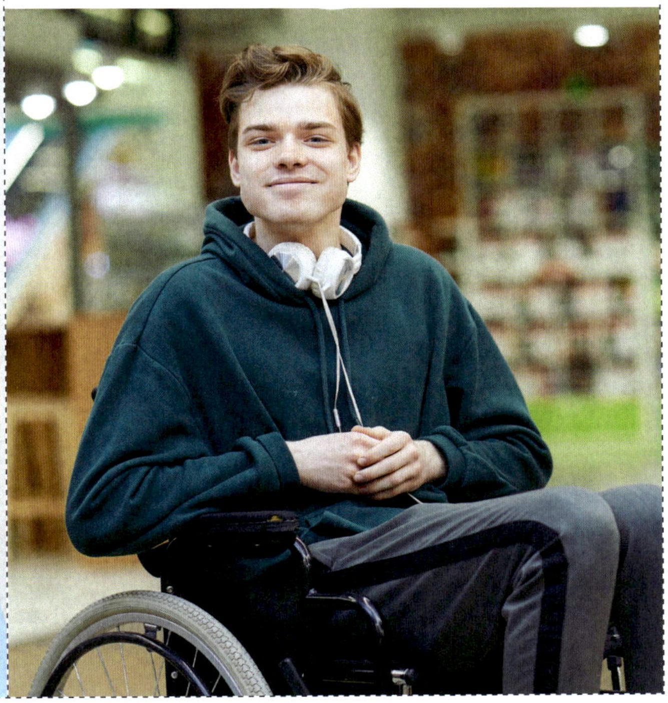

Sinnespfad „Beziehungen in meinem Leben“

Beziehungsformen interaktiv
Beziehungsnetze erkennen

DIY-Lottospiel „Zuneigung“
Formen der Zuneigung erkennen

Freundschaftsbänder
Möglichkeiten, Zuneigung zu zeigen, nutzen

Legebild „Partnerschaft“
Stadien einer Partnerschaft nachvollziehen

Konfliktsituationen interaktiv
Ich-Stärke entwickeln, Konfliktlösungsstrategien kennen

Erogenen Zonen, Petting, Geschlechtsverkehr
sich mit Sexualität auseinandersetzen, Regeln bei Intimitäten kennen

Sinnespfad „Beziehungen in meinem Leben“

„Wir sind nicht allein auf dieser Welt. Dort, wo wir sind, sind auch andere Menschen. Man sagt auch: Wir haben viele Kontakte oder wir haben Beziehungen.
Es gibt ganz unterschiedliche Beziehungen. Manchmal sind uns andere Menschen sehr wichtig und die Beziehung ist sehr eng. Manchmal kann man aber jemanden nicht so gut leiden. Das ist okay. Wichtig ist, dass man immer freundlich bleibt.
Menschen, die man immer mal wieder trifft oder sieht, aber irgendwie nicht so gut kennt, manchmal auch ihren Namen gar nicht weiß, sind Bekannte. Das kann die Kassiererin an der Kasse sein, Nachbarn oder auch der Postbote.
Kennt man Menschen besser, verbringt viel Zeit miteinander und vertraut sich, entstehen Freundschaften. Ist eine Beziehung sehr eng und man fühlt sich einem Menschen besonders verbunden, kann Liebe entstehen. Liebe zeigt sich ganz unterschiedlich und fühlt sich deshalb immer wieder anders an.
Es gibt „Blutsverwandte“, also Menschen mit selben Vorfahren. Aber man kann auch durch Heirat oder Adoption verwandt sein. Familie kann alles sein. Sie kann aus Verwandten, aus Mutter, Vater, Kind und Großeltern bestehen. Manchmal hat man auch so enge Freundinnen und Freunde, dass man sie als Familie sieht. Manchmal wohnt man nicht mit seinen Blutsverwandten zusammen. Dann fühlt man sich woanders zu Hause und geborgen. Da ist Familie.“

Mit diesem Sinnespfad können Lernende

- Beziehungsnetze erkennen.
- sich mit Gefühlen auseinandersetzen.
- Nahräume wahrnehmen, sich abgrenzen und den Wert von Vertrauen erkennen.
- Ich-Stärke entwickeln.
- sich mit Sexualität als Bestandteil von Partnerschaft auseinandersetzen.

Beziehungsformen interaktiv

Material

- ✔ ca. 20 (wiederbeschreibbare) Moderationskarten, alternativ Zuschnitte ca. 5 x 15 cm oder Tafelanschrieb
- ✔ Schreibutensilien, Schere
- ✔ Kopiervorlage „Beziehungsformen“ (siehe S. 53)

Umsetzung

Legen Sie Moderationskarten bereit (alternativ: Tafelanschrieb).
Eine Person aus der Lerngruppe, wir nennen sie der Einfachheit halber im Folgenden „Maxi“, gibt lernvoraussetzungsangepasst Auskunft auf die Frage: „Welche Menschen kennst du?“ (alternativ: „Erinnere dich: Welche Personen hast du gestern/heute/am Wochenende alles gesehen?“)

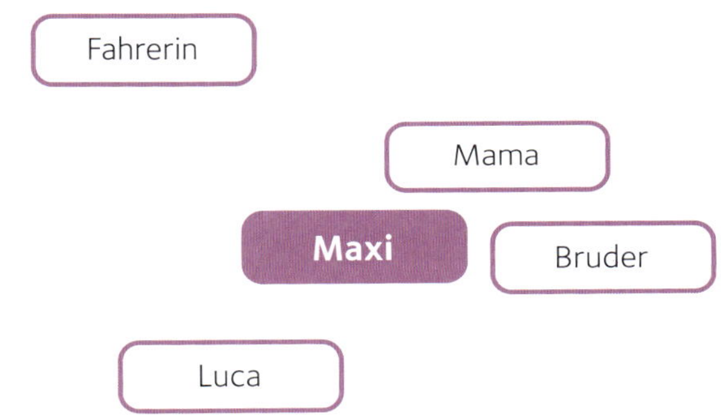

Maxis Antworten werden auf den Kärtchen notiert (z. B. Mama Lisa, Bruder Mark, Tante Inge, Herr XY [Lehrer], Frau XX [Ärztin] ...).
Im gemeinsamen Unterrichtsgespräch wird geklärt, dass jeder Mensch viele Menschen kennt und daraus (soziale) Beziehungen entstehen. Die Begriffe „Verwandtschaft“, „Familie“, „Bekannte“, „Freundinnen/Freunde“ und „Fremde“ werden eingeführt.
Zunächst kann Maxis Namenskärtchen in der Mitte liegen. Die anderen Personen werden um sie herum angeordnet. Besprechen Sie lerngruppenangepasst unterschiedliche Abstände. Je näher der Abstand zu Maxi, desto näher fühlt sie sich mit dieser Person verbunden.
Mithilfe der Fotokarten (siehe S. 53) kann eine Zuordnung zu einer Beziehungsform Verwandtschaft, Freundinnen/Freunde usw. erfolgen.

Ergänzend werden die Beispiele auf den Beziehungskarten vorgelesen, zugeordnet und durch eigene Beispiele ergänzt.

Weiterführende Ideen

Die Lernenden können zu Menschen in ihrem Leben eigenkreativ Collagen, Verschriftungen oder Bastelarbeiten anfertigen.

In Formularen u. Ä. werden der Beziehungsstatus bzw. Familienstand abgefragt. Klären Sie die Begriffe „verheiratet“ und „ledig“ (unverheiratet). Des Weiteren kann das Wort „Kameradschaft“ (Zusammenhalt innerhalb einer Gruppe) thematisiert werden.

TIPP: deutschsprachige Liedtexte zum Thema „Beziehungen im Leben“

- ✔ „Für die Liebe“ (Menschlichkeit) von Berge
- ✔ „Ein Kompliment“ von Sportfreunde Stiller
- ✔ „Zuhause“ von Adel Tawil
- ✔ „Immer für dich“ von Ehrlich Brothers
- ✔ „Lieblingsmensch“ von Namika
- ✔ „Echt“ von Glasperlenspiel
- ✔ „Fliegen“ von Matthias Schweighöfer
- ✔ „Liebe ist“ von Nena
- ✔ „80 Millionen“ von Max Giesinger

Eine lerngruppenangepasste Auswahl an Kooperationsspielen stärkt das Wir-Gefühl und die Kommunikationsfähigkeit, z. B.:

- sich an den Händen fassen und einen Hula-Hoop-Reifen zum Ende der Menschenkette bringen, ohne dass die Kette unterbrochen wird
- wortlos einen Auftrag erfüllen z. B. gemeinsam etwas malen/bauen
- eine Decke ohne Bodenberührung der Füße umdrehen, während Personen auf ihr stehen

DIY-Lottospiel „Zuneigung“

„Manche Menschen mag man, man sagt auch: Sie sind sympathisch. Andere Menschen mag man besonders gerne. Diesen Menschen zeigt man das auch. Manchmal merkt man das gar nicht. Man lächelt die Person öfter an und findet es schön, wenn die Person einem nah ist. Das nennt man Zuneigung. Man neigt sich dieser Person zu. D. h., man zeigt ihr, dass es schön ist, wenn sie bei einem ist.“

Material

- ✔ Kopiervorlagen zum Lotto-Spiel (siehe S. 54/55), ggf. vergrößert kopiert (141 %) und laminiert
- ✔ Malutensilien, Bleistift, Schere
- ✔ Kreisschablone (2 cm Durchmesser) oder Zirkel
- ✔ Spielsteine, Würfel
- ✔ Plakatpapier in DIN A1

Umsetzung

Die Heranwachsenden spielen Lotto mit Fotos von Menschen, die ihnen ihre Zuneigung auf unterschiedliche Art zeigen. Passen Sie das Bildmaterial Ihrer Lerngruppe an. Jeweils zwei oder drei Lernende können auf einem Brett spielen.

Kopieren Sie die neun Fotos (schwarzer Rahmen) auf dem oberen Teil der Kopiervorlage 3-mal auf festes Tonpapier, alternativ bietet es sich an, die Fotos für eine bessere Haltbarkeit zu laminieren. Schneiden Sie die Fotos aus und legen Sie sie als verdeckten Stapel zusammen.

Die Lottotafeln 1–3 (grüner/gelber/blauer Rahmen) benötigen Sie jeweils einmal, ggf. auch laminiert.

Die Lernenden fertigen ein Brettspiel auf Plakatpapier im Format DIN A1 an. In die Mitte werden zwei Handabdrücke in beliebiger Farbe gesetzt. Daumen und Zeigefinger beider Hände deuten ein Herz an, welches noch hinzugemalt werden kann. Rundherum werden mit Schablone oder Zirkel Kreise gezeichnet und in zwei Farben (Schwarz und Rot) eingefärbt.

Spielanleitung:

Jede*r Spieler*in erhält einen Spielstein und eine Lottotafel mit farbigem Rahmen.
Ein beliebiger schwarzer Kreis bildet den Startpunkt. Es wird reihum gewürfelt und entsprechend der gewürfelten Augenzahl der Spielstein im Uhrzeigersinn auf dem Spielfeld bewegt. Landet der Spielstein auf einem roten Kreis, wird eine Karte vom Stapel gezogen und die abgebildete Form der Zuneigung benannt. Findet der*die Spieler*in das Foto auf seiner*ihrer Lottotafel, kann er*sie die Karte darauf ablegen.

Weiterführende Ideen

Nutzen Sie das schlichte Brettspiel für weitere Themenbereiche (z. B. Verhalten in der Öffentlichkeit, Piktogramme in der Stadt ...). Die Lottobilder passen Sie entsprechend an.

Eine lerngruppenangepasste Auswahl an Spielen stärkt das Wir-Gefühl, Kooperation und Vertrauen, z. B.:

- Massagegeschichten
- Luftballontanz: Der zwischen Stirn, Bauch, Knie der Partner*innen geklemmte Ballon darf nicht herunterfallen.
- Dorfplatz: Alle bewegen sich im Raum. Begegnet man einer anderen Person, begrüßt man sie (Handschlag, Winken, Zunicken ...).
- sich in der Hängematte (Decke) von vier Mitschüler*innen schaukeln lassen
- sich mit geschlossenen Augen führen lassen (Achten Sie darauf, dass alle Schüler*innen der Übung zustimmen bzw. Grenzen gesetzt werden können und diese geachtet werden.)

Freundschaftsbänder

Material für das Armband aus Modelliermasse

- ✔ ofenhärtende Modelliermasse in 2 Farben (z. B. Fimo®), Holzspieß, Backpapier
- ✔ Lederband, ggf. Verschluss, Perlen

Umsetzung

Für die Perlen wird etwas Modelliermasse in zwei Farben abgezupft. Durch Rollen zwischen beiden Handflächen werden kleine Kugeln geformt. In diese wird mittig mit dem Holzspieß ein Loch gestochen. Anschließend werden die Kugeln gemäß Packungsbeilage im Backofen gehärtet. Fädeln Sie die Kugeln auf das Lederband und binden Sie alles mit einem Schiebeknoten oder Verschluss zum Armband.

Material für das Flecht-Armband

- ✔ Flechtschnüre in 3 Farben (je ca. 40 cm lang), ggf. Schmuckperlen

Umsetzung

Drei Flechtschnüre in gleicher Länge werden verknotet und verflochten. Dazu legen Sie alternierend das äußere Band über das mittlere Band und wechseln dabei zwischen rechts und links.

Legebild „Partnerschaft"

Material

- ✔ Schnur (ca. 1 m lang)
- ✔ Kopiervorlagen zum Legebild (siehe S. 56/57), Schere
- ✔ ggf. Bildmaterial für Collagen und Fotokamera für Bildergeschichten

Umsetzung

Die Lerngruppe trägt ihre Erfahrungen zu der folgenden Frage zusammen: „Wie wird man ein Paar bzw. wie entwickelt sich eine Partnerschaft?"

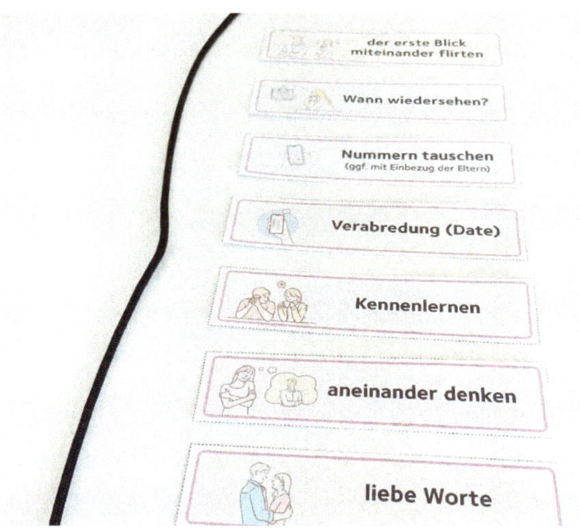

Die Bild-Wort-Karten der Kopiervorlage werden vergrößert kopiert (141 %) und ausgeschnitten und eine lange Schnur gerade auf den Boden gelegt. Gemeinschaftlich oder in Kleingruppenarbeit werden die Bild-Wort-Karten besprochen und in einem möglichen zeitlichen Ablauf entlang der Schnur gelegt. Stellen Sie heraus, dass jedes Kennenlernen anders ist, und lassen Sie Raum für individuelle Gespräche.

Weisen Sie auch darauf hin, dass sich nicht jede Beziehung so (weiter)entwickelt, auch wenn sich das eine Person z. B. sehr wünscht.

Weiterführende Ideen

Redewendungen dienen als Redeimpuls.

TIPP: Verliebtsein in Redewendungen

- ✔ sich gut riechen können
- ✔ Schmetterlinge im Bauch haben
- ✔ Wo die Liebe hinfällt, weiß keiner.
- ✔ Liebe macht blind.
- ✔ etwas durch die rosarote Brille sehen
- ✔ von Luft und Liebe leben

Durch die Erstellung von Bildergeschichten oder Wandzeitungen in Partner- oder Kleingruppenarbeit wird die aktive Kommunikation angeregt. Eine sensible Auswahl der Partner*innen ermöglicht Rollenspiele zum Nachstellen von Kennenlernsituationen, die das Selbstbewusstsein stärken. Elementare Bestandteile können so deutlicher werden (z. B. Blickkontakt, offene Körperhaltung, Worte zum Ansprechen finden …).

Orte für gemeinsame Verabredungen werden im Kapitel 4 thematisiert.

Konfliktsituationen interaktiv

„Manchmal hat man eine andere Meinung als jemand anderes oder man findet doof, was der oder die andere getan hat.
Dann streitet man sich.
Man sagt auch, man hat einen Konflikt.
Streit gehört dazu. Man muss miteinander reden, aufeinander zugehen und Dinge klären. Dann kann man sich versöhnen."

Material

- ✔ Kopiervorlage „Konfliktsituationen" (siehe S. 58/59)

Umsetzung

Im Unterrichtsgespräch wird herausgestellt, dass die meisten Streitigkeiten wieder in einer Versöhnung enden, wenn man einander zuhört, auch einmal nachgibt und Kompromisse findet. Freundschaften können jedoch auch

auseinandergehen, entweder im Streit oder weil man sich „aus den Augen verliert". Besprechen Sie diese Redewendungen und auch, was es bedeutet, wenn sich Paare „auseinanderleben" also nicht mehr die gleichen Ziele im Leben verfolgen. Dann trennen sie sich oder lassen sich scheiden. Die auf den Bildvorlagen abgebildeten Konfliktsituationen können besprochen und im Rollenspiel nachgestellt werden. Klären Sie wichtige Begriffe und Streitregeln (vgl. S. 59).

Erogene Zonen, Petting, Geschlechtsverkehr

(lerngruppenangepasst z. B. in Vertrauensgruppen)

„Jeder Mensch darf über seinen Körper selbst bestimmen. Ihr seid die Könige und Königinnen eures Körpers. Manche Menschen lieben es, barfuß zu laufen. Andere Menschen mögen das gar nicht. Es pikst ihnen zu sehr an den Füßen.
So ist das auch mit der Sexualität. Man darf sagen und ausprobieren, welche Berührung man mag und welche nicht. Streichelt euch einmal selbst sanft über den Arm. Wer mag das?
Wenn ihr möchtet, lasst euch einmal von einem anderen Menschen über den Arm streicheln. Wie fühlt sich das an? Sexualität hat mit Gefühlen zu tun. Die Gefühle sollten dabei angenehm sein. Man soll sich gut fühlen. Wenn man sich schlecht fühlt oder Angst hat, stimmt etwas nicht. Dann sollte man mit der Sache aufhören und das auch laut sagen.

Viele Menschen bekommen angenehme Gefühle, wenn sie gestreichelt und geküsst werden. Das fühlt sich für sie gut an. Manche Stellen am Körper machen Lust auf mehr. Man sagt: Sie erregen sexuell. Das kann bei Menschen verschieden sein. Bei manchen ist es der Hals, das Ohr oder auch der Rücken. Die Berührung der äußeren Geschlechtsorgane, also z. B. die Vulva und der Penis und Hodensack, lösen besonders sexuelle Erregung aus, d. h., man bekommt Lust, einen Orgasmus zu erleben. Ein Orgasmus ist dann der Höhepunkt. Danach fühlen sich die Menschen meist gut und sind entspannt. Wenn man erregt ist, kann die Vulva feucht werden. Oder der Penis wird steif.
Das Herz schlägt schneller und man hat das Gefühl, es baut sich Spannung im Körper auf."

Material

✔ Kopiervorlage „Regeln bei Intimitäten" (siehe S. 60)

Umsetzung

Planen Sie die Einheit lerngruppenangepasst und ggf. auch in Kleingruppen bzw. Einzelsituationen.
Nutzen sie sexualpädagogische Videoprojekte, z. B. „Pausengeflüster" in Einfacher Sprache vom Familienzentrum Berlin (www.fpz-berlin.de) oder Erstes-Mal-Geschichten von www.planet-liebe.com (Stand: Juli 2023).
Die Lernenden können zuvor erzählen, welches Wissen bzw. welche Vorstellung (aus den Medien) sie von Geschlechtsverkehr haben. Halten Sie Begriffe („Sex haben", „miteinander schlafen" ...) schriftlich fest und einigen Sie sich auf eine angemessene Wortwahl.
Klären Sie, wann es sich um Geschlechtsverkehr handelt, und grenzen Sie das Wort von den Begriffen „Petting" und „Kuscheln" ab. Machen Sie auch ganz deutlich, dass Geschlechtsverkehr einvernehmlich stattfinden muss.
Das Thema „Verhütung und Hygiene" wird im Kapitel 5 thematisiert.
Nutzen Sie die Kopiervorlage und besprechen Sie die Regeln. Erinnern Sie an das Legebild (siehe S. 56/57) zur Entwicklung einer Partnerschaft. Besprechen bzw. diskutieren Sie, in welcher Phase einer Beziehung der Geschlechtsverkehr stehen kann, und beziehen Sie Begriffe wie „Festigung", „Vertrauen", „Einverständnis" u. Ä. ein.

Besonders bei Heranwachsenden mit körperlicher Beeinträchtigung ist eine selbstbestimmte Sexualität erschwert und Vertrauenspersonen in der Familie sind nicht selten verunsichert. Auch hier sollte das Thema „Sexualität“ angesprochen und auf Beratungsangebote verwiesen werden. Unter anderem informieren die Internetseiten der Aktion Mensch e. V. und des Bundesverbands proFamilia über Begleitete Sexualität und bieten Beratungen für Eltern und Betreuer*innen an.

TIPP: kostenfreie Angebote (Vorführrechte beachten)

- ✔ Videoprojekt „Pausengeflüster“ (www. fpz-berlin.de)
- ✔ Erstes-Mal-Geschichten zum Lesen (www.planet-liebe.com)
- ✔ Broschüre „Die Sexual-Aufklärung für Menschen mit Behinderungen“ (als PDF online unter www.sho.bzga.de)
- ✔ Reportage-Reihe „einfach Mensch“, Folge „Sascha - Mein Recht auf Sexualität“ (ZDF-Mediathek zdf.de)

Stand Februar 2024

Shutterstock.com: Mädchen in Blume © visiostyle

Beziehungsformen

Fremde	Bekannte	Freundinnen/Freunde	Verwandte
Liebesbeziehung	Familie	Nathan wartet am Bahnhof auf den Zug. Eine ältere Frau fragt ihn nach dem Weg zur nächsten Toilette.	Martin kommt gerade nach Hause. Er trifft den Postboten und grüßt freundlich.
Leon trifft sich am Nachmittag mit Paul, Linda, Maxi und Enes. Die fünf haben zusammen schon viel erlebt.	Chrissi und Samira verbringen gerne viel Zeit zusammen. Sie küssen sich oft und möchten manchmal einander gar nicht loslassen.	Malik feiert seinen Geburtstag. Er hat seine Großeltern und eine Tante zum Kaffeetrinken eingeladen.	Samy lebt, schon seit sie ein kleines Kind ist, im Kinderheim. Sie fühlt sich dort geborgen und hat alle sehr lieb.

Lottospiel (1/2)

Lottotafel 1

Lottospiel (2/2)

Lottotafel 2

Lottotafel 3

Legebild „Partnerschaft“ (1/2)

der erste Blick, miteinander flirten

Kennenlernen

Wann wiedersehen?

Verabredung (Date)

Nummern tauschen
(ggf. mit Einbezug der Eltern)

aneinander denken

verliebt sein

Legebild „Partnerschaft“ (2/2)

Freundinnen/Freunde vorstellen

Familie vorstellen

Zeit miteinander verbringen

Berührungen
(Händchen halten)

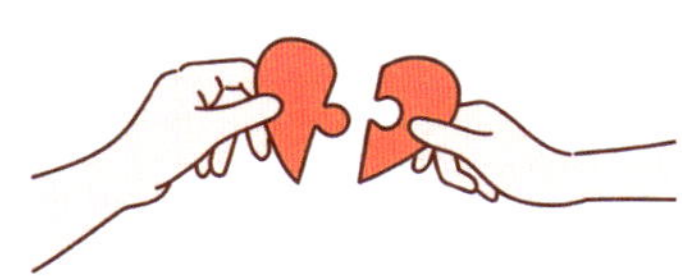

Wir-Gefühl

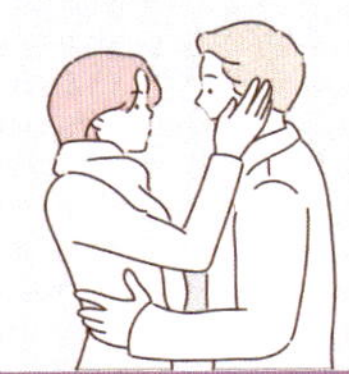

erster Kuss

liebe Worte

Konfliktsituationen (1/2)

Konfliktsituationen (2/2)

Eifersucht	**Vertrauen**
Ich-Botschaft	**Zuhören**
Kompromisse	**Einverständnis**
Sorgen (ernst nehmen)	**Aussprache**

Regeln bei Intimitäten

Nein heißt Nein – Ja heißt Ja!

Jeder Mensch entscheidet selbst, ob er **„Ja“ oder „Nein“** sagt.

Beide müssen einverstanden sein, ob der **Penis in die Vagina** eindringt.

Jeder Mensch entscheidet selbst, **mit wem** und wie er Sex hat.

Die Sexpartnerinnen und Sexpartner müssen mindestens **14 Jahre** alt sein.

Sex ist privat. Niemand schaut zu. **Die Tür ist zu.**

Beim Sex muss man sich schützen. Bei der **Verhütung** muss man ehrlich sein.

Man muss über Sex reden und nachfragen: **Magst du das?**

4. Ist das okay?

Sinnespfad „Ist das okay?“

„Jeder Mensch ist der König oder die Königin seines Körpers. Er darf selbst bestimmen, was er mag und was nicht und wo er berührt werden möchte.
Man sagt auch, jeder Mensch hat seine eigenen Grenzen.
Diese Grenzen sind bei Menschen verschieden.
Die Person zeigt dann: Nein oder Stopp!
Bis hierhin und nicht weiter!
Diese Grenzen sind sehr wichtig.
Über diese Grenze soll kein anderer Mensch gehen.
Deshalb müssen wir gut aufeinander aufpassen und darauf achten, ob ein Mensch uns seine Grenze zeigt.
Menschen müssen die Grenzen von anderen beachten.“

Wertschätzende Rückmeldungen des Gegenübers vorausgesetzt, können die Lernenden mit dem nachfolgenden Sinnespfad

- Empfindungen und Vorlieben äußern.
- Distanzbereiche achten.
- Situationen einschätzen lernen.
- Hilfemöglichkeiten nutzen und unangemessene Eingriffe in die Privatsphäre abwehren lernen.

Nutzen Sie gerne deutschsprachige Liedtexte als Gesprächsanlass. Dazu können eigenkreativ Collagen, Verschriftungen oder Bastelarbeiten anfertigt werden.

TIPP:
deutschsprachige Liedtexte für Mut, Anti-Mobbing und Respekt

- „Sei ein Wunder“ von International Protactics Federation e. V.
- „Respekt“ Botschaft der Kinder, Luzia Schule Berge
- „Achtung“ von der Band „Pur“
- „Wir sind groß“ von Mark Forster
- „Mut“ von Alexa Feser
- „Ich bin wie ich bin“ von der Band „Wise Guys“
- „Ich bin ich“ von der Band „Rosenstolz“

DIY-Abstimmungsbox: Was magst du?

Material

- Bildmaterial für Collagen und/oder Kamera für eigene Fotos
- Malutensilien, Schere, Kleber
- Tonzeichenpapier, farbig (z. B. rot und grün)

zusätzliches Material für Abstimmungsboxen

- Pappschachteln/Boxen (ca. 25 x 15 cm)
- Holzspieße, Perlen

Umsetzung

Die Lernenden erstellen auf rotem/grünem Papier Collagen mit Abbildungen von Gegenständen, Essen usw., die zeigen, was sie mögen bzw. nicht mögen.
Stellen Sie heraus, dass jeder Mensch sagen und zeigen darf, was er (nicht) mag. Das bedarf einer angemessenen Weise und Wortwahl. Andere Menschen müssen den Wünschen mit Respekt begegnen.
Ergänzend können Übersichtsblätter erstellt werden z. B. „Essen, was ich mag“. Darauf werden Speisen geklebt und mit einem roten (Abneigung) bzw. grünen (Vorliebe) Fingerabdruck versehen.

Weiterführende Ideen

Fertigen Sie aus Schachteln und Holzstäben Abstimmungsboxen und gestalten Sie diese individuell. Die Lernenden führen in Partnerarbeit (gerne lerngruppenübergreifend) eine Umfrage enaktiv durch. Die abstimmenden Personen stecken eine Perle auf den entsprechenden Holzspieß, sodass ein Säulendiagramm entsteht.
Durch Auszählung bzw. Ablesen der Perlenreihenhöhe kann die Umfrage ausgezählt und besprochen werden.

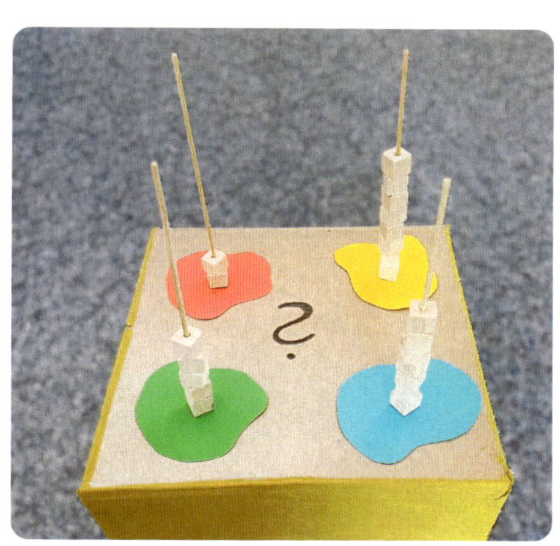

Nein sagen ist okay

„Jeder Mensch bestimmt selbst über seinen Körper. Man könnte auch sagen: Man ist der König oder die Königin über seinen Körper.
Wir bestimmen, wer uns wo anfassen darf. Es gibt nämlich Stellen am Körper, da finden wir es schön, wenn uns jemand berührt. Und dann gibt es Stellen, wo wir das nicht mögen oder auch nicht von jedem und jeder.
Wenn du ein Ja-Gefühl bei etwas hast, kannst du Ja sagen.
Wenn du ein Nein-Gefühl hast, sag Nein.
Ein höfliches Nein ist okay und muss sein. Da ist euch niemand böse. Hört jemand nicht auf euer Nein, darf das Nein auch laut sein.

Manches Nein ist laut,
manches Nein ist leise.
Manches Nein besteht aus Gesten oder
dem Gesichtsausdruck.
Jedes Nein ist gut und zählt!

Euer Körper gehört euch allein.
Du bestimmst über deinen, ich über meinen.
Manchmal mag man etwas nicht, das entscheidet jeder Mensch allein und zeigt ein Nein.

Material

- ✔ Körperumriss auf Tapete/Laken
- ✔ rote/grüne Klebepunkte (gelbe Punkte: einige Personen dürfen dort berühren, grüne Punkte: fast alle Personen dürfen dort berühren)
- ✔ Malutensilien, Schere

Umsetzung

Sammeln Sie Nein-sage-Möglichkeiten (Körpersprache, Stimme ...) und bauen Sie mit Spielen die kommunikative Kompetenz aus:

- ein Nein mit Körpersprache deuten, spiegeln, im Kreis weitergeben
- ein Nein von Person zu Person immer lauter weitergeben
- Eine Person wird von einer*einem Mitlernenden verfolgt und wiederholt gerufen. Reicht es ihr, dreht sie sich um und ruft entschieden: Nein!
- mit Worten versuchen, eine*n Partner*in zu überreden, einen Gegenstand herzugeben; der*die Partner*in hält diesen entschieden fest/gibt ihn nicht her.

Bei der Übung „Bis hierhin und dann ist Stopp“ stehen sich zwei Menschen im Abstand von etwa 5 m gegenüber. Die eine Person geht langsam los und die andere Person zeigt „Stopp“, wenn sich ein geringerer Abstand unangenehm anfühlt. Sprechen Sie über Distanzbereiche und klären Sie den Begriff „Diskretion“. Bei einem Partnerwechsel kann auffallen, dass Nahräume veränderlich und personenabhängig sind.

Sexuelle Gewalt umfasst jegliches ungewolltes Verhalten mit sexuellem Bezug. Das meint bereits unerwünschte Anmache oder Berührungen. Die Lernenden gestalten Stoppschilder aus einem Handabdruck und kennzeichnen damit auf dem Körperumriss jene Stellen, an denen sie nicht angefasst werden wollen (gelbe Punkte: einige Personen dürfen dort berühren, grüne Punkte: fast alle Personen dürfen dort berühren). Besprechen Sie situations- und personenbezogene Unterschiede.

Stadtspaziergang „Kennenlernen“

Material
- ✔ Fotokamera
- ✔ Mal- und Schreibutensilien

Umsetzung

Die Lerngruppe tauscht sich darüber aus, welche Kennenlernsituationen zwischen zwei Partner*innen sie bereits erlebt haben oder aus Serien/Filmen kennen. Tragen Sie die Schilderungen geordnet, z. B. als Wandzeitung, zusammen. Themen könnten sein:

- Orte und Anlässe des Kennenlernens (Hinweise siehe unten)
- Situationen des Kennenlernens (Wie erfolgt die Kontaktaufnahme?)
- Kennenlernen erleichtern (Blickkontakt, Offenheit, den ersten Schritt wagen ...)
- Tabus (No-Gos) beim Kennenlernen (z. B. bestimmte Anmachsprüche)
- Bedeutung des Charakters, der Ausstrahlung und äußeren Erscheinung beim Kennenlernen
- Umgang mit Enttäuschungen

Weiterführend können lerngruppenangepasst und ggf. nach Vertrauensgruppen getrennt Rollenspiele zu Kennenlernmöglichkeiten durchgeführt werden.
Besprechen Sie, dass bei anhaltender Sympathie meist der Wunsch nach einem intensiveren Kennenlernen zu zweit besteht. Es kommt zur Verabredung.
Überlegen Sie mit den Lernenden, welche Orte in der Wohn- oder Schulumgebung für ein Date geeignet sind, und besuchen Sie diese. Die Lernenden fotografieren diese Orte und gestalten eine Collage.
Geben Sie den Lernenden Fragen mit auf den Weg, die man sich vor einem Treffen mit einer Person stellen sollte:

- Habe ich ein Ja- oder ein Nein-Gefühl? Will ich das?
- Weiß jemand, wo ich bin?
- Wo bekomme ich Hilfe, wenn ich sie brauche?
- Sind da noch andere Menschen oder ist der Ort eher einsam?

Nähe-Kreis: meine Grenzen

Material
- ✔ Hula-Hoop-Reifen, alternativ Seile
- ✔ Foto der Lernenden, alternativ Selbstporträt
- ✔ Kopiervorlage „Nähe-Kreis“ (siehe S. 66/67)

Umsetzung

Die Lernenden reflektieren ihre eigenen Grenzen und lernen, die des Gegenübers zu achten.
Spielen Sie „Du darfst rein“. Ein junger Mensch ist der*die Türsteher*in und entscheidet darüber, wen er*sie hineinlässt. Die Übung bietet sich auch in Partnerarbeit an, sodass ein*e Schüler*in eine*n andere*n beim Türsteherjob unterstützt. Dabei nutzen die potenziellen Gäste verschiedene Wege, um hineinzukommen, und sagen oder zeigen: „Ich möchte gerne rein und um hineinzukommen, winke ich dir/gebe dir die Hand/kneife ich dich ...“ (siehe S. 66). Der*die Türsteher*in entscheidet und begründet entwicklungsorientiert, ob er*sie den Eintritt gewährt.

Mit dem Nähe-Kreis können die Lernenden den Reflexionsprozess vertiefen. Besprechen Sie den Kreis zunächst am gemeinsamen Beispiel. Erörtern Sie, dass Entscheidungen sich individuell unterscheiden.
Die Lehrkraft gibt einen Satz vor: „Wer darf in deinen Kreis? Wer darf sich im gleichen Raum umziehen/dich küssen/mit dir kuscheln/dich nackt sehen/sich bei dir anlehnen...?“. Dies kann mit einem Pantomime-Spiel verbunden werden. Der*die Lernende legt die Personenkarten (siehe S. 67, lerngruppenangepasst ergänzt) entsprechend in oder außerhalb seines*ihres Kreises ab.

Selbstbefriedigung ist okay

„Bei der Selbstbefriedigung berührt man sich selbst. Man entdeckt den eigenen Körper. Man findet heraus, was einem gefällt.
Selbstbefriedigung ist in Ordnung.
Selbstbefriedigung schadet nicht.
Man findet heraus, wo man es besonders gerne mag, gestreichelt zu werden.

Bei der Selbstbefriedigung streichelt man sich selbst. Hat man Lust, streichelt man z. B. die Brust. Manche streicheln auch ihre Vulva oder massieren bei der Selbstbefriedigung ihren Penis.
Sie finden heraus, was sie besonders schön finden und was sie erregt.
Am Ende der Selbstbefriedigung bekommen die Menschen oft ein besonders schönes Gefühl. Sie bekommen einen Orgasmus.
Selbstbefriedigung ist erlaubt.
Man darf dabei aber niemanden stören.
Selbstbefriedigung ist privat, d. h., die Tür ist zu. Jeder Mensch entscheidet selbst, ob und wie oft er sich selbst befriedigt. Niemand muss es tun.“

Die Thematisierung von Selbstbefriedigung sollte lerngruppenangepasst erfolgen. Es bietet sich an, Sexualaufklärungsstunden durch externe Partner*innen einzubeziehen.
Ob in der (Klein-)Gruppe oder im individuellen Gespräch, den Schüler*innen sollte die Selbstbefriedigung als Teil des Sexuallebens erklärt werden. Man braucht weder Angst zu haben noch sich zu schämen. Besprechen Sie, dass Selbstbefriedigung erlaubt ist. Dabei sollten die Lernenden ausdrücklich auf die Themen „Privatsphäre“ und „Hygiene“ hingewiesen werden.
Besonders bei Heranwachsenden mit körperlicher Beeinträchtigung ist eine selbstbestimmte Sexualität erschwert. Unter anderem informieren die Internetseiten der Aktion Mensch e. V. und des Bundesverbands proFamilia über Begleitete Sexualität und bieten Beratungen für Eltern und Betreuer*innen an.

Geheimnisse und Hilfeholen

„Gute Geheimnisse machen Freude.
Manchmal ist man dabei auch etwas aufgeregt, aber es fühlt sich gut an.
Geheimnisse, die niemandem schaden, behält man für sich. Verrate sie nicht!
Nicht so schöne Geheimnisse machen eher traurig und lassen dich viel darüber nachdenken. Du fühlst dich unwohl.
Erzähle sie jemandem, den du magst.
Diese Person hört dir zu, wenn du um Rat fragst.
Wird jemandem wehgetan,
ist schnelle Hilfe wichtig.
Das Geheimnis weitersagen ist richtig.“

Material

- ✔ Kopiervorlage „Geheimnisse“ (siehe S. 68/69)
- ✔ rotes und grünes Chiffontuch, alternativ rotes und grünes Papier
- ✔ ggf. 3 Puppen zum Nachspielen von Szenen

Umsetzung

Die Lerngruppe bespricht unterschiedliche Geheimnisse. Die Bildvorlagen dienen als Gesprächsanlass und werden auf das rote bzw. grüne Chiffontuch (gutes Geheimnis versus unschönes Geheimnis) gelegt. Besprechen Sie Konsequenzen von Geheimnissen und die Aussage „Heimlich ist manchmal ganz schön unheimlich!“.
Mit drei Puppen können einzelne Szenen nachgespielt werden (z. B. Ein*e Erwachsene*r möchte, dass sich ein Kind auf den Schoß setzt und fasst an seinen Po. Das Kind möchte das nicht und erzählt es einer Freundin. Was können die beiden jetzt tun?).

Üben Sie in Rollenspielen Hilfeholsituationen ein (z. B. für die Situationen, die mit den unschönen Geheimnissen verbunden sind). Fertigen Sie mit den Lernenden individuell passende Hilfekarten. Nutzen bzw. verweisen Sie (Elternarbeit) auf Selbstverteidigungskurse externer Anbieter*innen.

TIPP:
Hilfsangebote bei Gewalt

Übernehmen Sie diese auf die grünen Kärtchen des Lapbooks (siehe Kap. 1).

- ✔ Nummer gegen Kummer: 116111
- ✔ Hilfetelefon 08000 116016
- ✔ www.suse-hilft.de (speziell für Menschen mit Beeinträchtigung)
- ✔ www.kinderschutz.de (KIPS speziell für männliche Personen)

Nähe-Kreis (1/2)

Nähe-Kreis (2/2)

	Mama		Papa
	Bruder		Schwester
	Tante		Onkel
	Oma		Opa
	Lehrer/ Lehrerin		Fahrer/ Fahrerin
	Postbote/ Postbotin		Arzt/ Ärztin
	Freund/ Freundin		

Geheimnisse (1/2)

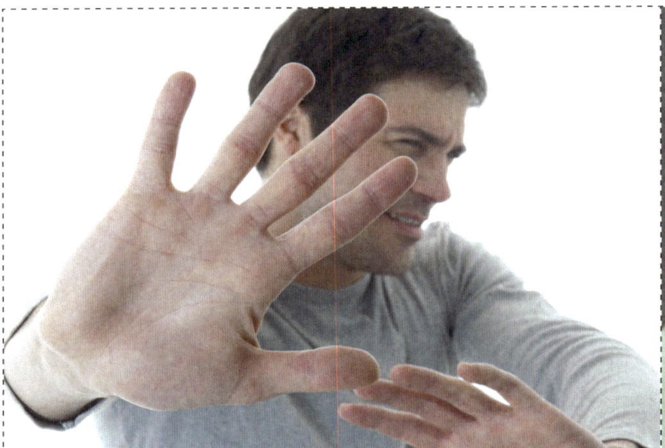

nahe kommen, aber man möchte das nicht

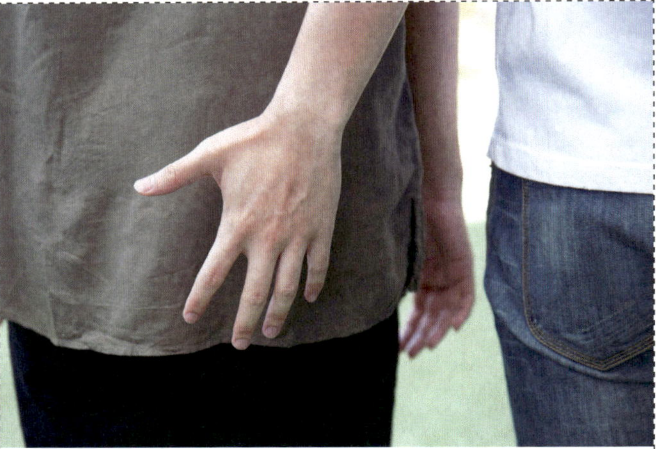

an den Po fassen

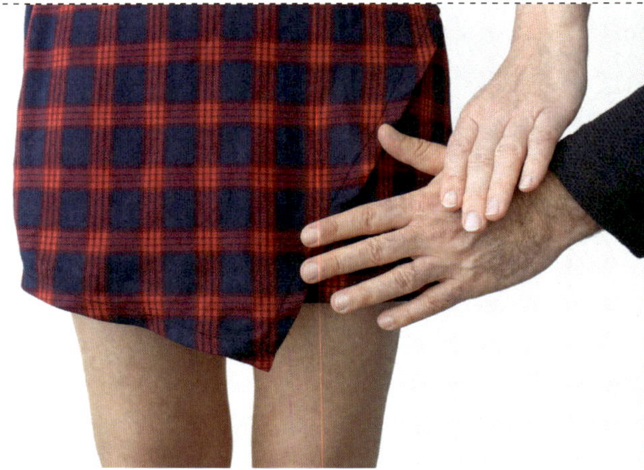

Berührungen, aber man möchte das nicht

Mobbing

Beleidigungen (auch online)

klauen

Geheimnisse (2/2)

(heimlich) verliebt, fremdgehen

Überraschungsgeschenk

Geld finden, Geld sparen, Gehalt

Träume

absichtlich etwas kaputt machen, unabsichtlich kaputtgegangen

geschlechtliche Identität und sexuelle Orientierung

Sinnespfad „Verhütung und Körperpflege“

Leseweg „Schwangerschaft“
Einblick in die Entwicklung des Lebens bekommen

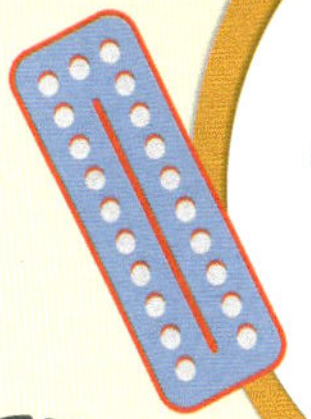

Verhütung
Eigenverantwortlichkeit durch Kenntnisse zur Verhütung erweitern

Gesundheitsprävention
Eigenverantwortlichkeit durch Kenntnisse zur Gesundheitsvorsorge erweitern

Intimhygiene
Notwendigkeit von Intimhygienemaßnahmen kennen

Sinnesgeschichte „Drogerie“
Drogerieprodukte mehrsinnlich erleben

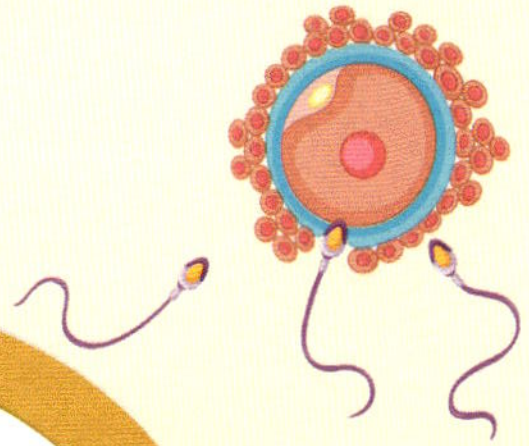

Bingospiel „Körperpflege und Kosmetik“
Drogerieprodukte benennen

Sinnespfad „Verhütung und Körperpflege“

„Wenn uns etwas besonders gut gefällt, sagen wir: Das ist aber schön! Aber was ist eigentlich schön? Da hat jeder Mensch eine andere Antwort. Niemand ist perfekt und das Wichtigste ist: Man ist mit sich zufrieden. Dann strahlt man von innen und ist wunderschön.“

(Der folgende Abschnitt sollte lerngruppenabhängig angepasst werden.)

„Der beste Beweis, dass Aussehen egal ist? Eltern lieben ihr Kind bereits im Mutterleib, dabei haben sie es noch nie gesehen! Man sagt auch: Sie lieben bedingungslos.“

Wertschätzende Rückmeldungen von Mitmenschen vorausgesetzt, können Lernende mit dem nachfolgenden Sinnespfad

- Einblicke in die Entwicklung des eigenen Lebens gewinnen.
- sich mit Schwangerschaft und Kinderwunsch auseinandersetzen.
- ihre Eigenverantwortlichkeit durch Kenntnisse zur Verhütung erweitern.
- Beratungsstellen kennenlernen.
- Nutzen und Anwendung von Körperpflegeutensilien und dekorativer Kosmetik ausprobieren und reflektieren.

Leseweg „Schwangerschaft“

Material:

- ✔ Kopiervorlagen zum Leseweg (siehe S. 76–78), Schere, Kleber
- ✔ Beckenmodell, Torso o. Ä.
- ✔ *optional:* Seil, Schreibkärtchen, Bild einer Befruchtung, Ultraschall- und Schwangerenbauch-Bilder, Entwicklungssäckchen (auch käuflich zu erwerben), Urintest, Mohnkorn, Erbse

Material für Entwicklungssäckchen:

- ✔ einfarbiger Stoff, Material zum Befüllen, z. B. Sand, Nähutensilien

Umsetzung

Die Lerngruppe sammelt Vorerfahrungen und bekannte Begrifflichkeiten. Die Schüler*innen gestalten einen Leseweg. Dieser sollte zuvor anhand von Realgegenständen besprochen werden. Erarbeiten Sie im Unterrichtsgespräch den Weg von der Befruchtung bis zur Geburt. Fünf selbst genähte Entwicklungssäckchen zur 12., 20., 28., 33. und 38. Schwangerschaftswoche (SSW) unterstützen den Lernprozess. Diese Säckchen entsprechen in Größe und Gewicht der Entwicklung des Embryos bzw. Fötus im Mutterleib.

Eindrückliche Meilensteine bei der Entwicklung des Embryos bzw. Fötus:

- Tag der erwarteten Periode: Größe entspricht Mohnkorn, Urintest möglich
- 7. SSW: Herzschlag auf Ultraschall möglich, Größe einer Erbse
- 12. SSW: ca. 5 cm groß, 15 g schwer, alle wichtigen Körperteile entwickelt
- 20. SSW: ca. 25 cm, 250 g
- 28. SSW: ca. 37 cm, 1 000-g-Marke
- 33. SSW: ca. 43 cm, 2 000 g
- 38. SSW: ca. 48 cm, 3 000 g, kein Frühchen mehr

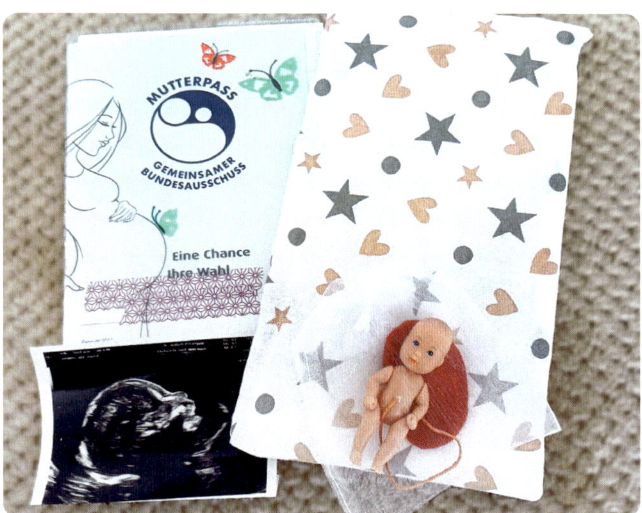

Die Heranwachsenden gewinnen Einblicke in die Entwicklung im Mutterleib.
Der Leseweg wird einbezogen. Die zu dem Text gehörenden Illustrationen (siehe S. 77) werden ausgeschnitten und besprochen. Entsprechend der Vorgabe im Lesetext, werden die Bilder dann Abschnitt für Abschnitt folgerichtig

auf den Leseweg (siehe S. 78) geklebt. Die Verantwortung der werdenden Eltern, aber auch die der Mitmenschen (z. B. passives Rauchen) und einhergehende Veränderungen im Leben (Ängste, Freude, finanzieller Bedarf ...) werden aufgegriffen.

Ein einfaches Modell zum Nachvollziehen des Wegs der Spermien zur Eizelle kann durch eine schlichte Filzarbeit erreicht werden. Dazu schneiden sie Bastelfilz in Form von Vagina/Gebärmutter/Eileitern/Eierstöcken zurecht. Silberne Perlen symbolisieren die Eizellen, kleine rote und grüne Perlen die Spermien. Ist das Filzstück der Gebärmutter klappbar, kann dort ein kleines Filzpüppchen im Organzasäckchen als Fruchtblase den Ort des Wachstums des Fötus zeigen.

TIPP:
kostenfreies Unterrichtsmaterial (Stand: Juli 2023) und Hilfetelefon

Übernehmen Sie diese auf die grünen Kärtchen des Lapbooks (siehe Kapitel 1).

- ✔ Hilfetelefon „Schwangere in Not“ 0800 4040020
- ✔ Bundeszentrale für gesundheitliche Aufklärung Medienpaket „Dem Leben auf der Spur“
- ✔ diverse Internetangebote und Schwangerschafts-Apps mit interaktiven 3D-Modellen

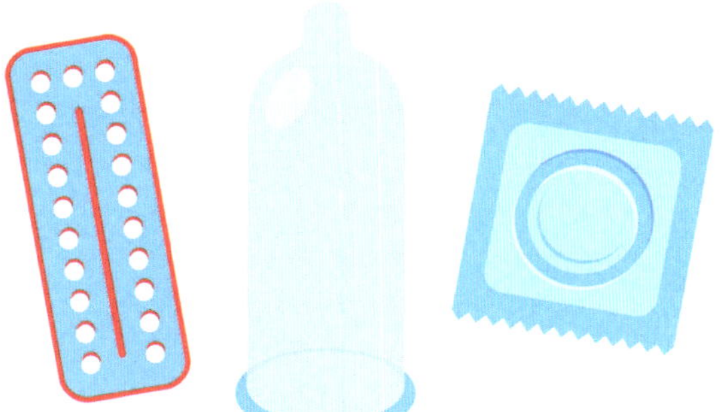

Verhütung

„Gelangt beim Geschlechtsverkehr Sperma in die Scheide, kann eine Schwangerschaft entstehen.
Das kann passieren, wenn ein Penis in die Scheide eindringt. Dabei kommt Sperma aus dem Penis.
Auch beim Kuscheln/Petting kann man schwanger werden. Das kann passieren, wenn Sperma (z. B. über die Hände) in die Scheide/Vagina gelangt.
Wer kein Kind möchte, muss aufpassen. Man sagt dazu auch: Man muss verhüten.
Man muss auch aufpassen, dass man keine Krankheiten bekommt. Es gibt Krankheiten, die sexuell übertragbar sind. Für die Verhütung sind beide Beteiligten verantwortlich.“

Material

- ✔ Kopiervorlagen zur Verhütung (siehe S. 79–81), Scheren, Kleber
- ✔ optional: Penisholzmodell und Kondome, Schülertorso (s. S. 10), leere Pillenpackung, Broschüren

Umsetzung

Besprechen Sie den Geschlechtsverkehr mit den Schüler*innen (siehe S. 76). Erläutern Sie die Notwendigkeit von Verhütung. Die Lerngruppe tauscht sich über Vorwissen zu Verhütungsmitteln aus. Demonstrationsmaterial dient der Übung, wobei die Transferleistung vom Modell (Holzpenis) zum Penis als Körperteil sichergestellt werden sollte. Fassen Sie Ergebnisse unter Einbezug der Kopiervorlagen zusammen und verweisen Sie auf Beratungsstellen, Ärztinnen und Ärzte als Ansprechpartner*innen. Klären Sie auf, dass jedes Verhütungsmittel nur so sicher sein kann, wie es zuverlässig angewandt wird. Dennoch kann Verhütung versagen. Die Möglichkeit der „Pille danach“ und die Apotheke als Anlaufstelle können auf die grünen Kärtchen des Lapbooks aufgenommen werden (siehe Kap. 1).

Gesundheitsprävention

„Man kann sich beim Arzt oder einer Ärztin über freiwillige Vorsorgeuntersuchungen im Jugendalter informieren. Diese heißen J1 und J2. Der Arzt oder die Ärztin überprüft dann die Gesundheit. Man kann auch alle seine Fragen stellen und über Probleme erzählen. Deine Erziehungsberechtigten (Eltern) können im Wartezimmer auf dich warten oder mit ins Arztzimmer kommen. Man kann Krankheiten auch durch Geschlechtsverkehr bekommen. Sie sind sexuell übertragbar. Beispiele sind das HI-Virus, Chlamydien-Bakterien oder auch Pilze. Wenn du merkst, dass dein Penis oder deine Vagina anders aussieht als sonst oder du z. B. Schmerzen beim Pinkeln hast, solltest du mit einem Arzt/einer Ärztin sprechen."

Material

- ✔ Tücher rot/grün, Kondom, Blutstropfen aus Papier, Trinkbecher, Toilettenpapier, Kussmund

Umsetzung

Besprechen Sie mit den Schüler*innen ihre Vorerfahrungen zur Gesundheitsprävention für Atemwegserkrankungen (z. B. Händewaschen). Schaffen Sie eine Brücke zu Geschlechtskrankheiten. Vorsorge ist auch hier wichtig:

- vorsichtig sein, verhüten (Wer dich mag, findet das nicht doof!)
- Vorsorge und Beratungen beim Arzt/bei der Ärztin wahrnehmen
- auf Veränderungen achten (Jucken, Schmerzen, Rotwerden, Ausfluss ...)
- bei Unsicherheit einen Arzt/eine Ärztin fragen (Es gibt Medikamente!)

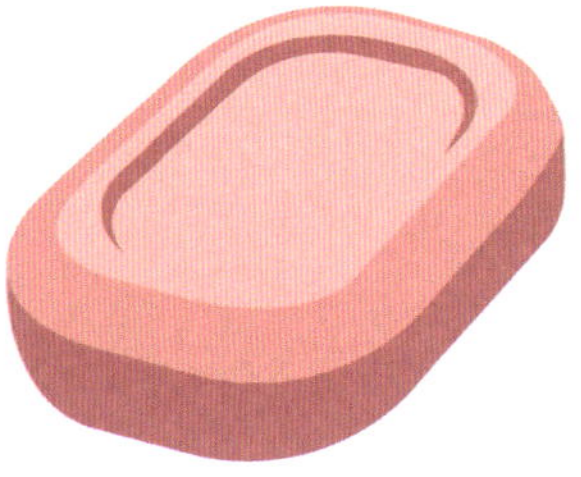

Sichten Sie in der Lerngruppe Informationsbroschüren und gestalten Sie ggf. Wandzeitungen. Besprechen Sie Risikosituationen und in der Regel gefahrenlose Situationen für Übertragungswege. Hier dienen eine Zuordnungsübung auf rotes/grünes Papier oder Tücher mit Realgegenständen der Anschauung.

- rot/Situationen mit Risiko: direkter Blutkontakt (Blutstropfen aus Papier als Symbol), ungeschützte Berührung der Intimzone/ungeschützter Geschlechtsverkehr (durchgestrichenes Kondom als Symbol)
- grün/i. d. R. gefahrenlose Situationen: Berührungen/Kuscheln (Foto Handschlag, Händchen halten), Küssen (Mund), Benutzung gleichen Geschirrs (Trinkbecher), Benutzung gleicher Toilette (Toilettenpapier)

Intimhygiene

(ggf. in Vertrauensgruppen)

Material

- ✔ Kopiervorlagen zur Intimpflege (siehe S. 82/83)
- ✔ *optional:* Schülertorso, Toilettenpapier, Duschbrause, Waschlappen, neue Unterwäsche aus Baumwolle, Badeanzug, Duschseife, Intimpflege-Waschlotion, Tampon, Slipeinlage, Beckenmodell

Umsetzung

Nutzen Sie die Kopiervorlagen, um Intimhygienemaßnahmen zu besprechen. Neben den Informationen auf der Kopiervorlage sind folgende Hinweise als Wiederholung sinnvoll:

- Wechsel von nassen Badesachen
- mehrmals täglicher Wechsel von Monatshygieneprodukten
- ggf. Hygiene und Toilettengang nach dem Geschlechtsverkehr

Unter Beachtung individuell kommunizierter Grenzen werden Waschvorgänge am Schülertorso gezeigt. Am Beckenmodell üben die Schüler*innen das Einführen eines Tampons und das Einkleben der Einlage in den Slip. Besprechen Sie Waschetiketts auf neuer Unterwäsche und die Vorteile von Baumwollstoff. Lesen Sie Etiketten von Shampoo und klären Sie Begriffe wie „Ph-hautneutral".

Erklären Sie den natürlichen Schutzmantel des Intimbereichs und dass in der Regel tägliches Waschen mit warmem Wasser ausreicht. Da es in der Drogerie diverse Intim-Waschlotionen zu kaufen gibt, besprechen Sie diese mit den Schüler*innen und reflektieren deren Einsatz. Verweisen Sie auf Ärztinnen und Ärzte als Spezialist*innen. Bei Auffälligkeiten, wie Brennen beim Wasserlassen, sollte stets ärztlicher Rat eingeholt werden.

Sinnesgeschichte „Drogerie“

Material

- ✔ Sinnesgeschichte „Einkauf in der Drogerie“ (siehe S. 84)
- ✔ Einkaufszettel mit Parfüm, Duschgel, Bodylotion, Handcreme, Karottensaft, Wischmopp
- ✔ Parfum, Parfumstreifen
- ✔ Pröbchen von Duschgel
- ✔ Bodylotion
- ✔ Handcreme (sensitiv), ggf. mit Aufkleber „Tester“
- ✔ weicher Wischmopp (unbenutzt)
- ✔ Karottensaft, Apfelsaft, Trinkbecher
- ✔ Abspielgerät mit Kassengeräusch, alternativ ein Piepgeräusch machen
- ✔ Einkaufskörbchen o. Ä.

Umsetzung

Versammeln Sie die Lernenden um eine Kreismitte in angenehmer Sitz- oder Liegeposition. Die Materialien sollten bereitliegen, um einen störungsfreien Ablauf zu gewährleisten. Lesen Sie die Sinnesgeschichte mit ruhiger Stimme vor und führen Sie die beschriebenen Handlungen aus. Lassen Sie ggf. den Einkaufszettel und den ersten Abschnitt der Sinnesgeschichte von Lernenden vorlesen. Achten Sie auf Allergien und die Reaktion der Lernenden. Manchmal werden Düfte als unangenehm empfunden. Nutzen Sie im Nachgang die Sinnesgeschichte als Gesprächsanlass, z. B.: „Was kann man in einer Drogerie kaufen?“ (ggf. Abteilungen besprechen), „Wo befinden sich Drogerien?“, „Was duftet alles in einer Drogerie?“ (Duschseife, Deo, Parfum ...)

Weiterführende Ideen

- Unterrichtsgang in eine Drogerie, ggf. auf Themenbereiche aufgeteilt (Orientierung, Regeln beachten, Produkte zum Testen kennen ...)
- Auswahlkriterien beim Kauf (Hauttyp, Umweltaspekt, z. B. Mikroplastik, Duschseifen als Alternative ...)
- Drogerieartikel kennenlernen und kategorisieren

Bingo-Spiel „Körperpflege und Kosmetik“

Material

- ✔ Vorlagen für Bingo-Spiel (siehe S. 85), ggf. auf DIN-A3-Format kopiert und laminiert
- ✔ 2 Spielfiguren, Würfel, Spielchips
- ✔ optional die Körperpflegeutensilien des Spiels als Realgegenstand
- ✔ optional Frisierpuppe oder Kopiervorlage „Styling“ (siehe S. 86)

Umsetzung

Die Lernenden spielen Bingo. Sie lernen Drogerieprodukte und ihre Anwendungsbereiche kennen. Sammeln Sie dazu Begriffe (z. B. Mundgeruch & küssen, Schweißgeruch & unangenehm für Banknachbar*in usw.).

Spielanleitung

Es spielen zwei Personen. Jede*r startet auf einem Startfeld. Die Spielenden würfeln abwechselnd und rücken entsprechend mit ihrer Spielfigur vor. Das Bild, auf dem man steht, wird benannt und auf dem eigenen Bingo-Feld (rot oder grün) angekreuzt oder ein Spielchip gelegt. Wer zuerst drei Felder in einer Reihe markieren kann, gewinnt.

Weiterführende Ideen

- DIY-Bingospiel mit selbst gezeichnetem Spielfeld und aufgeklebten Produkten aus Prospekten u. Ä.
- Diskussion: Sind manche Produkte „nur für Frauen"? (Verknüpfung zu: „Nagellack ist für alle da")
- Übungen zum Styling an einer Frisier-/Schminkpuppe, Besprechen von Stylingtipps, ein eigenes T-Shirt designen (siehe S. 39)

TIPP: selbst hergestelltes Sprüh-Deo

100 ml Wasser abkochen und auf Handwärme abkühlen lassen. Im Wasser 1 TL Natron auflösen und die Mischung in eine kleine Sprühflasche gegeben. Nach Belieben 1 Tropfen Zitronenöl dazugeben.

„Schwanger werden und schwanger sein" (1/3)

Tinas Schwangerschaft

Robin und Tina hatten **ungeschützten Geschlechtsverkehr**.
Beide haben nicht verhütet. So konnten Spermien von Robin zur Eizelle von Tina gelangen. Eine **Befruchtung** ist dann möglich.
Tina bemerkt, dass ihre **Monatsblutung (Menstruation) ausbleibt**.
Das kann bedeuten, dass sie schwanger ist. Sie macht einen **Schwangerschaftstest**. Der Test ist positiv, das heißt, er zeigt, dass sie wirklich schwanger ist.
Die Eizelle wurde befruchtet und hat sich in der Gebärmutter eingenistet.

Tina vereinbart zusammen mit Robin einen Termin bei ihrer Gynäkologin.
Die Ärztin macht einen Ultraschall. Tina und Robin können auf dem Bildschirm zuschauen.
Das Baby ist noch winzig klein. Sein Herz schlägt.
Jetzt ist es wichtig, dass Tina regelmäßig zu **Vorsorgeuntersuchungen** geht.
Das sind Kontrollen bei der Ärztin, bei der sie schaut, ob es Tina und dem Baby gut geht.
Tina und Robin müssen **gut auf das Baby im Bauch aufpassen**.
Tina darf keinen Alkohol trinken und nicht rauchen.
Der **Bauch von Tina wächst** mit jeder Woche etwas mehr, denn das Baby wird immer größer.
Eine Schwangerschaft dauert etwa 40 Wochen.
Die **Geburt** beginnt mit regelmäßigen Wehen.
Das Baby kommt dann auf die Welt.

„Schwanger werden und schwanger sein“ (2/3)

„Schwanger werden und schwanger sein“ (3/3)

Schwangerschaft

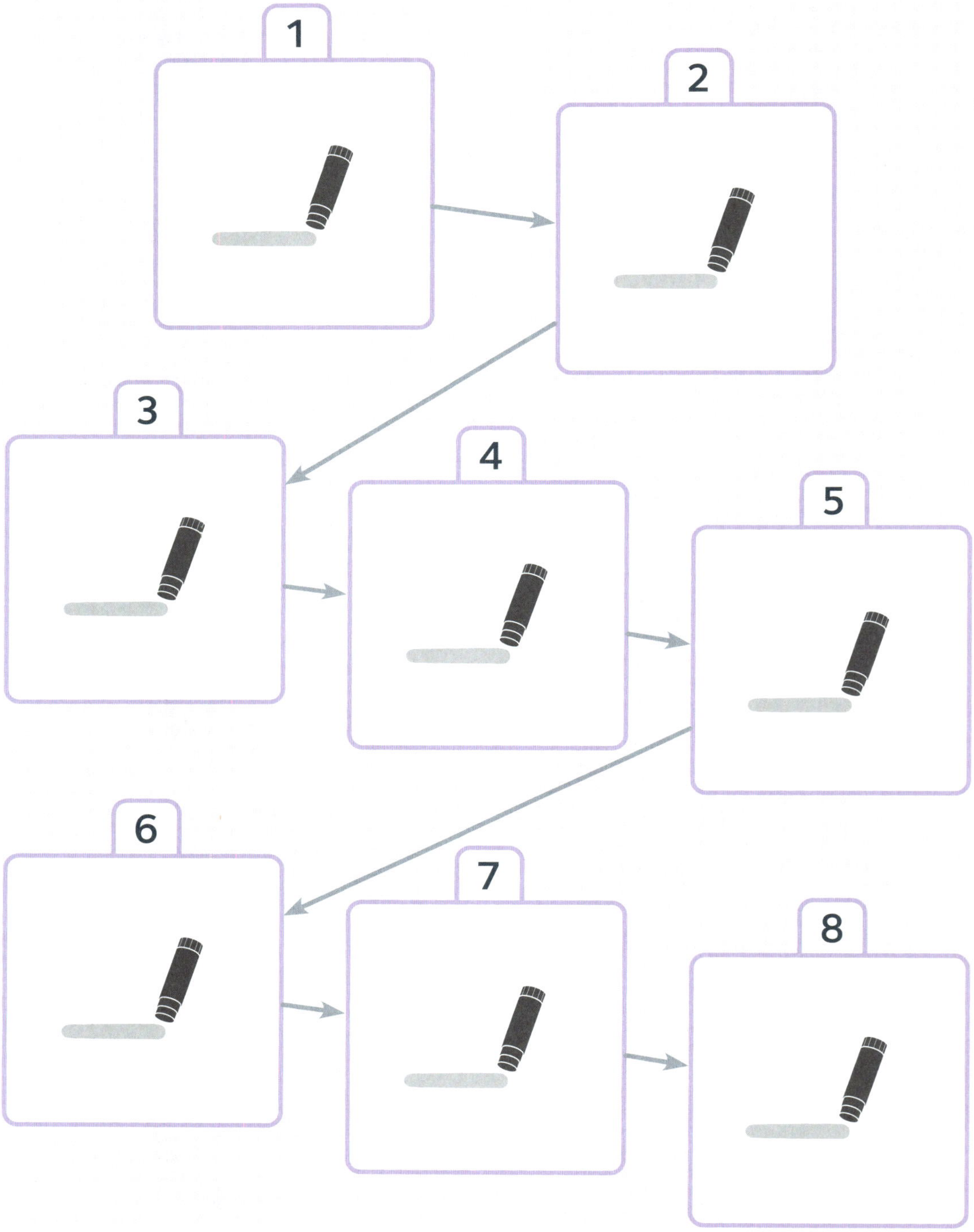

1

2

3

4

5

6

7

8

So benutze ich ein Kondom (1/2)

Das Kondom wird vor dem Geschlechtsverkehr über den Penis gezogen.

Das Kondom vorsichtig aus der Verpackung holen.	
Die Vorhaut zurückziehen.	
Das Kondom über den Penis stülpen. Die Rolle ist außen. Die Spitze vom Kondom zusammen-drücken.	
Das Kondom ganz über den Penis rollen.	
Beim Sex prüfen, ob das Kondom richtig sitzt. Bei Stellungwechsel das Kondom festhalten.	
Nach dem Sex das Kondom abziehen. Das Kondom verknoten und in den Mülleimer werfen.	

So benutze ich ein Kondom (2/2)

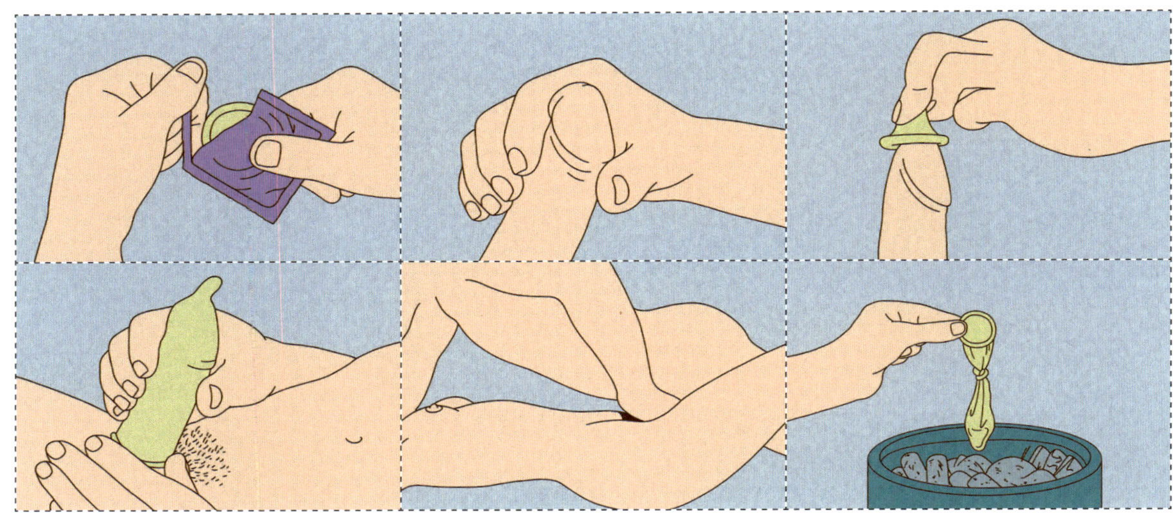

Verhütungsmittel (2/2)

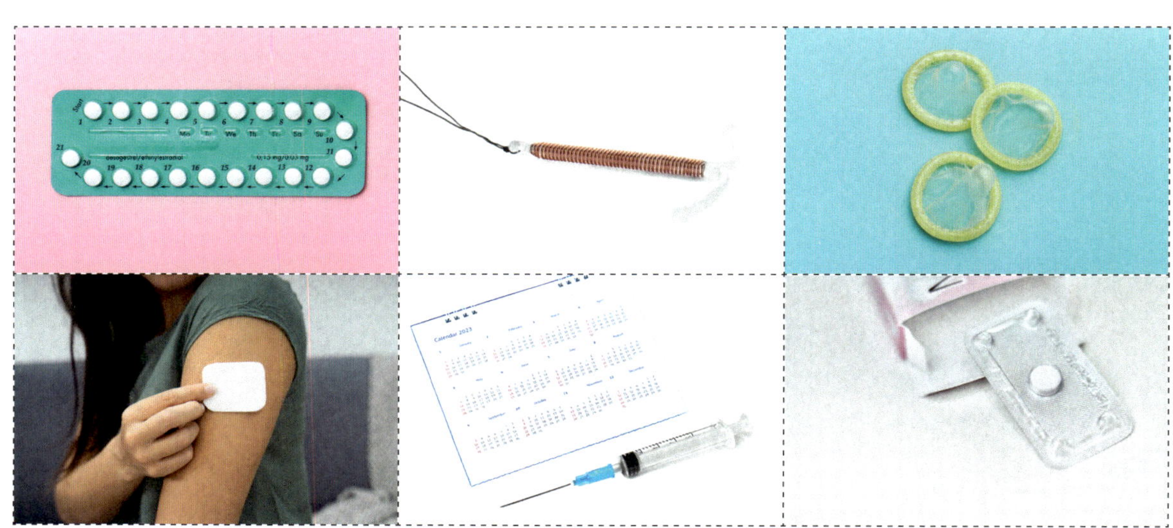

Verhütungsmittel (1/2)

Verhütung schützt. Beide Sexpartner sind dafür verantwortlich.
Wenn das Paar kein Kind haben möchte, muss es verhüten.
Das Kondom schützt auch vor Krankheiten.

Die **Pille** schützt nur vor Schwangerschaft. Man bekommt bei der Frauenärztin oder dem Frauenarzt ein Rezept.	
Das **Verhütungspflaster** schützt nur vor Schwangerschaft. Man bekommt bei der Frauenärztin oder dem Frauenarzt ein Rezept.	
Die **Dreimonats-Spritze** schützt nur vor Schwangerschaft. Man wird bei der Frauenärztin oder dem Frauenarzt gespritzt.	
Die **Spirale** schützt nur vor Schwangerschaft. Man bekommt sie von der Frauenärztin oder dem Frauenarzt eingesetzt.	
Das **Kondom** schützt vor Schwangerschaft und Krankheiten. Man kauft es im Supermarkt, in der Drogerie oder in der Apotheke.	
Manchmal hat bei der Verhütung etwas nicht geklappt. Man hat dann drei Tage Zeit und kann in der Apotheke die **Pille danach** kaufen.	

So bleibt dein Intimbereich gesund (1/2)

Haare und Körper mit Wasser abduschen.

Haare mit Shampoo einreiben.

Haare abduschen.

Mit Duschseife einreiben (verschmutzte und stark schwitzende Stellen reichen in der Regel).

Haare und Körper mit Wasser abduschen.

Vulva mit warmem Wasser abduschen.
Die Vulvalippen etwas spreizen.

Mit einem großen Handtuch abtrocknen.

Wichtig für den Intimbereich!

Du brauchst keine Seife. Wasche alles täglich gründlich mit warmem Wasser.
Wenn du unsicher bist, frage deinen Gynäkologen oder die Gynäkologin um Rat.
Nutze Unterwäsche aus Baumwolle und wechsle sie täglich.
Wasche neue Unterwäsche, bevor du sie trägst.
Wenn du auf Toilette warst, wische von vorn nach hinten ab.

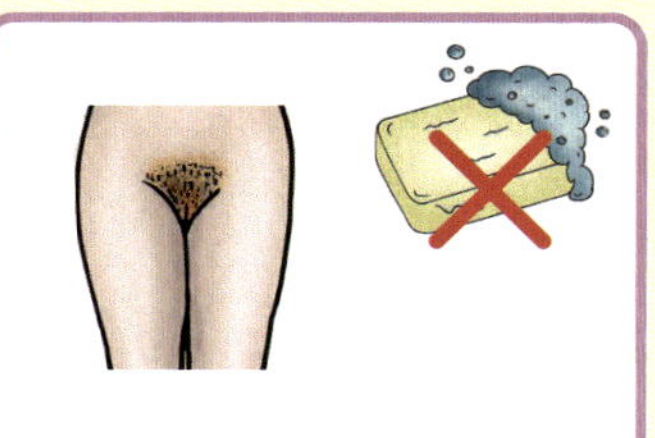

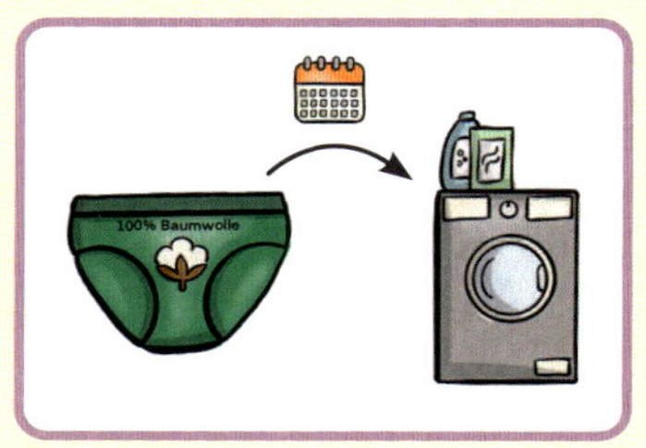

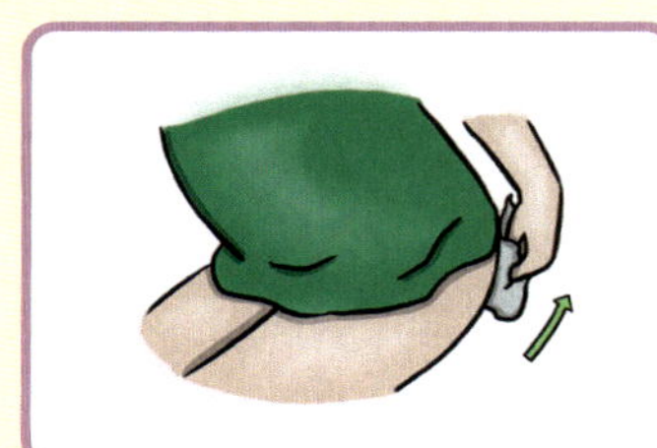

So bleibt dein Intimbereich gesund (2/2)

Haare und Körper mit Wasser abduschen.

Haare mit Shampoo einreiben.

Haare abduschen.

Mit Duschseife einreiben (verschmutzte und stark schwitzende Stellen reichen in der Regel).

Haare und Körper mit Wasser abduschen.

Penis mit warmem Wasser abduschen.
Die Vorhaut vorsichtig zurückziehen.

Mit einem großen Handtuch abtrocknen.

Wichtig für den Intimbereich!

Du brauchst keine Seife. Wasche alles täglich gründlich mit warmem Wasser.
Wenn du unsicher bist, frage einen Arzt oder eine Ärztin um Rat.
Nutze Unterwäsche aus Baumwolle und wechsle sie täglich.
Wasche neue Unterwäsche, bevor du sie trägst.
Wenn du auf Toilette warst, wische von vorn nach hinten ab.

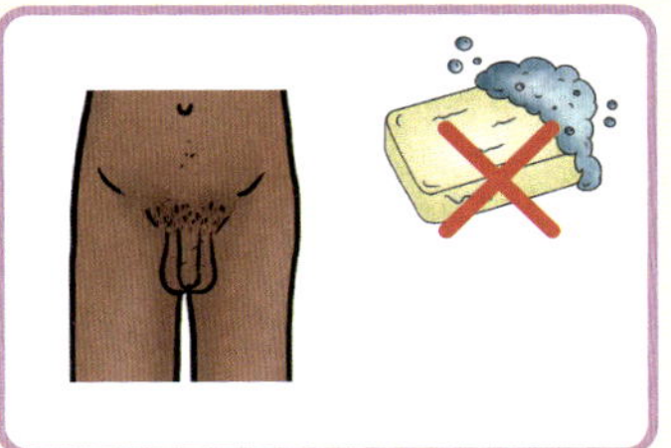

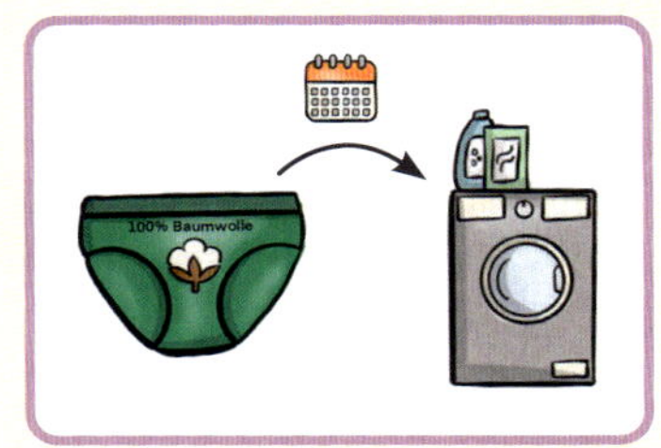

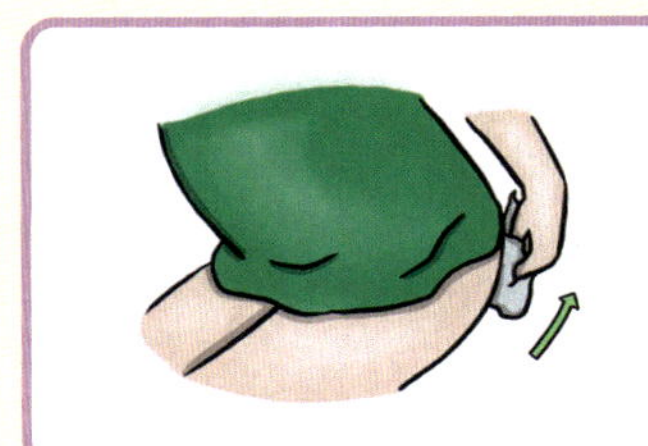

„Einkauf in der Drogerie“

Melanie und Tim haben einen Einkaufszettel für die Drogerie bekommen. Sie sollen einige Dinge einkaufen. Melanie kennt sich gut in der Drogerie aus. Sie war schon oft hier. Sie zeigt ihrem Bruder alles.

Am Eingang nehmen die beiden sich ein Körbchen (zeigen, ggf. leer herumgeben) und starten ihren Einkauf. Tim kramt den Zettel (zeigen, damit rascheln) heraus.

„Wir brauchen als erstes Mamas Lieblingsparfum“, sagt er. Das Parfumregal ist gleich am Eingang der Drogerie. Hier riecht es gut. Melanie und Tim probieren ein paar Düfte aus (einen Parfumstreifen umherreichen).

Als Nächstes lesen sie auf dem Zettel „Duschgel“ und „Bodylotion“. „Das ist gleich da drüben“, sagt Melanie und zeigt auf das Regal. Da gibt es viel Auswahl. Manches Duschgel riecht nach Zitronen, Beeren oder Kokos (Duschseifen zum Riechen anbieten). Sie entscheiden sich für ein Duschgel mit Zitronenduft. Sie finden dann auch die Bodylotion und nehmen sie mit (eine Bodylotion herumgeben).

Auf dem Einkaufszettel steht noch Handcreme. Da ist Melanie nicht ganz sicher, wo diese zu finden sind. Die beiden laufen suchend durch die Gänge. „Ah, hier, Melanie, ich habe sie gefunden“, winkt Tim seine Schwester zu sich. Auch hier gibt es wieder eine große Auswahl. Sie entscheiden sich für ein Produkt, das die Hände pflegt und gut riecht (mit einer Handcreme eine Handmassage durchführen).

Jetzt fehlt noch Karottensaft von der Liste. „Oh, den mag ich nur gemischt mit Apfelsaft“, meint Tim. Seine Schwester antwortet: „Ja, stimmt. Ich auch. Mama sagt immer, der ist gut für ihre Haut.“ Der Saft ist schnell bei den Lebensmitteln gefunden (Saftflasche zeigen und auf späteres Trinken verweisen).

Der letzte Punkt auf der Einkaufsliste ist ein Wischmopp. „Was ist denn ein Wischmopp?“, fragt Melanie. „Na, das ist so ein Lappen für den Boden, um den zu putzen“, erklärt Tim. „Ach so, also ein Wischlappen“, entgegnet Melanie. „Genau“, sagt Tim lächelnd. Melanie und Tim gehen zu den Haushaltswaren und nehmen einen Wischmopp mit (ungenutzten, farbigen Wischmopp zum Fühlen anbieten).

Melanie und Tim haben alles von der Einkaufsliste gefunden und gehen zur Kasse zum Bezahlen (Kassengeräusche abspielen, alternativ Piepgeräusche machen).

Wieder zu Hause lassen sie sich den Karottensaft schmecken. Melanie und Tim mischen ihn aber lieber mit etwas Apfelsaft (Augenzwinkern, Karottensaft pur oder gemischt mit Apfelsaft anbieten).

Bingospiel „Körperpflege“

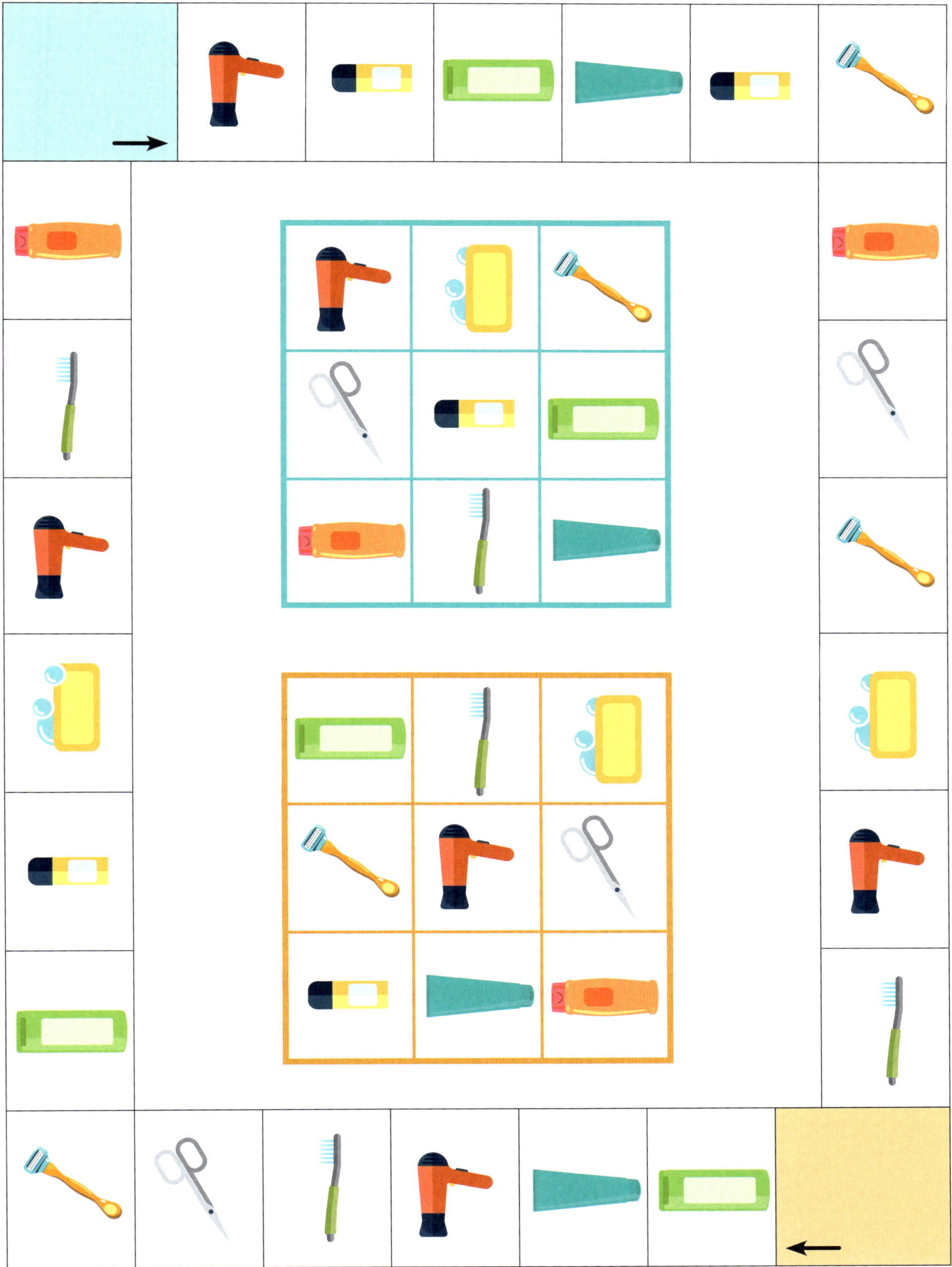

Styling

Schnapp dir deine
Stifte und zeige,
was dir gefällt!

Auf die Plätze,
fertig, Styling!

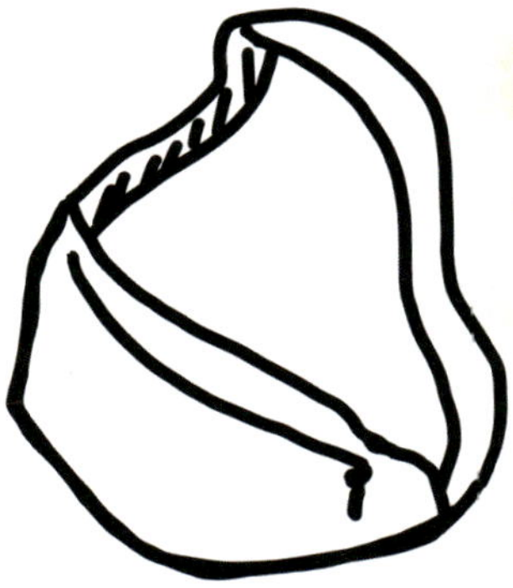

Bunte Haare,
braune Tasche,
gelbe Hose?
Alles ist möglich!

Medientipps

Literatur

Ehlers, Cathrin:
Alles rund um die Pubertät. Körperliche Veränderungen, Gefühle und Identität
Materialien zur Sexualpädagogik für Förderschulen und inklusiven Unterricht
Verlag an der Ruhr, Mülheim an der Ruhr 2024.

Ehlers, Cathrin:
Alles rund um die Sexualität. Liebe, Sex und Zärtlichkeit
Materialien zur Sexualpädagogik für Förderschulen und inklusiven Unterricht
Verlag an der Ruhr, Mülheim an der Ruhr 2024.

Fröhlich, Andreas:
Basale Stimulation: Ein Konzept zur Arbeit mit schwer beeinträchtigten Menschen
7. Auflage., Verlag selbstbestimmtes Lernen: Düsseldorf 1991.

Hublow, Christoph:
Lebensbezogenes Lesenlernen bei geistig behinderten Schülern. Geistige Behinderung
24/2, Praxisteil 1985.

Kahle, Stephanie; Lüdde, Heike:
Sinnespfade zur basalen Förderung
Ganzheitliches Lernen in Projekten für Schüler*innen mit intensivem Förderbedarf
Verlag an der Ruhr, Mülheim an der Ruhr 2022.

Kahle, Stephanie; Lüdde, Heike:
Sinnespfade zur basalen Förderung: Mein Körper und ich
Differenzierbare Unterrichtsideen für Schüler*innen mit intensivem Förderbedarf
Verlag an der Ruhr, Mülheim an der Ruhr 2024.

Sporken, Paul:
Geistigbehinderte, Erotik und Sexualität.
Patmos Verlag, Düsseldorf 1974.

Walter, Joachim/Hoyler-Herrmann, Annerose:
Erwachsensein und Sexualität in der Lebenswirklichkeit geistig behinderter Menschen
Schindele, Heidelberg 1987.

Bildnachweis

1. Sinnespfad (S. 9–26)

Shutterstock.com:
Menschen © Marina Besfamilnaia

„Abenteuer Pubertät" (S. 16/17)

Shutterstock.com:
Gehirn © mything,
Blume © Naddya,
Dusche © Colorcocktail
Seife/Rasierer/Spiegel © Colorcocktail

„Pubertät 2/2 (S. 19)

Shutterstock.com:
Smileys © redcollegiya,
Kippschalter © matsabe,
Gehirn © mything

2. Sinnespfad (S. 27–45)

Shutterstock.com:
Gruppe © Editable line icons

„Vielfalt" (S. 34)

Shutterstock.com:
Menschen © Chipmunk131,
Nagellack © MockupSpot,
farbiger Hintergrund © kengtaykung

„Lesespaziergang" (S. 35–37)

Shutterstock.com:
Klebestift © vectorisland,
Pinsel © Wiktoria Matynia,
Lippenstift © pambudi,
Fußball © Master3D,
Zopf © RedlineVector,
Hose © vectornetwork,
Auto © Minh Do,
Rockgitarre © FMStox,
Noten © Ricardo Romero,
Werkzeugkasten © Blaka suta

„Schönheitsideale" (S. 38–40)

Shutterstock.com:
Brille © YegoeVdo22
T-Shirt © Insdesign86

„Koffer" (S. 42)

Shutterstock.com:
Koffer © LoopAll,
Abb. von oben links nach unten rechts:
Abb. 1 © Yuganov Konstantin,
Abb. 2 © New Africa,
Abb. 3 © antoniodiaz,
Abb. 4 © cemanphotos,
Abb. 5 © Virrage Images

„Sei du selbst" (S. 43)

Shutterstock.com:
Regenbogen © Turkan Rahimli

„Liebe 1/2" (S. 44)

Shutterstock.com:
Abb. von oben links nach unten rechts:
Abb 1 © Pixel-Shot,
Abb 2 © wavebreakmedia,
Abb 3 © ViDI Studio,
Abb 4 © MandriaPix,
Abb 5 © Mix Tape,
Abb 6 © Clara Murcia

„Liebe 2/2" (S. 45)

Shutterstock.com:
Abb. von oben links nach unten rechts:
Abb 1 © Krakenimages.com,
Abb 2 © paulaphoto,
Abb 3 © Ground Picture,
Abb 4 © SeventyFour

3. Sinnespfad (S. 46–60)

Shutterstock.com:
Menschengruppen © StockSmartStart

„Beziehungsformen" (S. 53)

Shutterstock.com:
Abb. von oben links nach unten rechts:
Abb. 1 © Keith Gentry,
Abb. 2 © Kzenon,
Abb. 3 © Master1305,
Abb. 4 © RimDream,
Abb. 5 © Body Stock,
Abb. 6 © Good dreams - Studio

„Lottospiel" (S. 54/55)

Shutterstock.com:
Abb. von oben links nach unten rechts:
Abb. 1 © Krakenimages.com,
Abb. 2 © dekazigzag,
Abb. 3 © fizkes,
Abb. 4 © LightField Studios,
Abb. 5 © wavebreakmedia,
Abb. 6 © AndriyShevchuk,
Abb. 7 © Robert Kneschke,
Abb. 8 © wavebreakmedia,
Abb. 9 © Rawpixel.com

„Legebild Partnerschaft" (S. 56/57)

Shutterstock.com:
alle © autumnn,
außer: Kalender © Polina Tomtosova

„Konfliktsituationen" (S. 58)

Shutterstock.com:
Abb. von oben links nach unten rechts:
Abb. 1 © Motortion Films,
Abb. 2 © Egoitz Bengoetxea,
Abb. 3 © Antonio Guillem,
Abb. 4 © Antonio Guillem,
Abb. 5 © oneinchpunch,
Abb. 6 © New Africa,
Abb. 7 © Antonio Guillem,
Abb. 8 © May Chanikran

„Regeln bei Intimitäten" (S. 60)

Shutterstock.com:
Daumen © 4zevar
Beischlaf © Barks
Tür © EgudinKa
Verhütungsprodukte © BeataGFX

4. Sinnespfad (S. 61–69)

Shutterstock.com:
Figur © Stranger Man

„Nähe-Kreis 1/2" (S. 66)

Shutterstock.com:
Abb. von oben links nach unten rechts:
Abb. 1 © lemono,
Abb. 2 © ANYA Studio,
Abb. 3 © Lerinalnk,
Abb. 4 © NadzeyaShanchuk,
Abb. 5 © Jemastock,
Abb. 6 © tynyuk,
Abb. 7 © NotionPic,
Abb. 8 © Vitya M,
Abb. 9 © eamesBot

„Nähe-Kreis 2/2" (S. 67)

Shutterstock.com:
alle © Tenstudio,
außer: Bus © Flat vectors,
Postbote © tynyuk

„Geheimnisse 1/2" (S. 68)

Shutterstock.com:
Abb. von oben links nach unten rechts:
Abb 1 © stefanolunardi,
Abb 2 © charnsitr,
Abb 3 © ChameleonsEye,
Abb 4 © Lopolo,
Abb 5 © myboys me,
Abb 6 © Andrey Popov

„Geheimnisse 2/2" (S. 69)

Shutterstock.com:
Abb. von oben links nach unten rechts:
Abb 1 © Motortion Films,
Abb 2 © Jacob Lund,
Abb 3 © Lais Monteiro,
Abb 4 © Prostock-studio,
Abb 5 © Sharomka,
Abb 6 © Jacob Lund

5. Sinnespfad (S. 70–86)

Shutterstock.com:
Kondom © BeataGFX

„Schwanger werden und schwanger sein 1/3" (S. 76)

Shutterstock.com:
Frau © Jane Semina,
Ultraschallbild © Aiana

„Schwanger werden und schwanger sein 2/3" (S. 77)

Shutterstock.com:
Kondom/Pille © BeataGFX,
Schwangerschaftstest © Alena Nv,
Alkohol-/Rauchverbot © craftswoman,
Ultraschallbild © Aiana,
Binde © Panida Supo,
Befruchtung © GraphicsRF.com,
Gesund essen © Blueastro,
Geburt © Wilaiphons

„Schwanger werden und schwanger sein 3/3" (S. 78)

Shutterstock.com:
Klebestift © vectorisland

„So benutze ich ein Kondom 1/2" (S. 79)

Shutterstock.com:
Klebestift © vectorisland

„So benutze ich ein Kondom 2/2" (S. 80)

Illustrationen: Nicole Schrottge

„Verhütungsmittel 2/2" (S. 80)

Shutterstock.com:
Pille/Kondome © TanyaJoy,
Spirale/Spritze © New Africa,
Pflaster © Andrey Popov,
Kalender © moo photograph,
Pille danach © kikpokemon

„Verhütungsmittel 1/2" (S. 81)

Shutterstock.com:
Klebestift © vectorisland

„Einkauf in der Drogerie" (S. 84)

Shutterstock.com:
Einkaufskorb © Duda Vasilii,
Parfüm-Zerstäuber © EkaterinaKu,
Handcreme © Sabelskaya,
Möhrensaft © NIKCOA,
Wischmopp/Eimer © Tartila

„Bingospiel Körperpflege" (S. 85)

Shutterstock.com:
Fön/Deo/Schere/Seife/Zahnbürste © Colorcocktail,
Creme/Duschgel © Elein K,
Shampoo-Flasche © PCH Vector,
Rasierer © Dari-designPie